那年那代 | 那人那事 | 那八皖山水

回望八皖

张浪 编

1991—2000

张浪作品集

风景园林规划设计有机生成方法学溯源

A TRACE TO THE ORGANIC GENERATION METHODOLOGY OF LANDSCAPE ARCHITECTURE PLANNING AND DESIGN

东南大学出版社

作者于 1992 年初夏在九华山现场踏勘

张 浪

全国优秀科技工作者　全国绿化先进工作者　科学中国人年度人物
全国绿化奖章获得者　享受国务院特殊津贴专家

国家住建部科技委园林专委副主任委员　中国风景园林学会常务理事
中国林学会盐碱地分会副主任委员　中国风景园林学会绿专委副主任委员
全国风景园林专业研究生学位教育指导委员会委员

　　张浪，博士、教授级高工、博士生导师，上海领军人才；1964 年 7 月生，合肥人；1988 年毕业于南京林业大学风景园林专业，先后在同济大学建筑与城规学院等院校学习，是中国南方农林院校园林规划设计学第一位博士。长期从事风景园林教学、科学研究、项目实践和专业管理的一线工作，曾任安徽农业大学风景园林系主任、淮南市毛集区人民政府副区长、上海市绿化和市容管理局（市林业局）副总工程师等职。现任上海市园林科学规划研究院院长，城市困难立地生态园林国家林草局重点实验室主任，上海城市困难立地绿化工程技术研究中心主任。

　　主持国家科技部重点研发计划、中央财政专项、省市科委研发计划等 30 余项课题项目研究，主持参加大型工程建设项目规划设计 100 余项，主持的项目获世界风景园林联合会（IFLA）杰出奖等国际奖 4 项；主持项目获梁希林业科学技术奖一等奖、上海市科技进步一等奖、中国风景园林学会首届科技一等奖、省部级优秀勘察设计一等奖等国内奖 10 余项。在世界风景园林联合会（IFLA）、世界科学与工程学会（WSEAS）、亚太地区部长级论坛、国家住建部、中国风景园林学会等组织的国际、国内高层学术会议上，作主旨报告 20 余场。出版专著 20 余部；发表包括 SCI 在内的科技论文 100 余篇等。担任《园林》期刊主编，*Journal of Landscape Architecture* 和《中国园林》《植物资源与环境》《风景园林》等期刊编委。

自 序 PREFACE

回望，风景园林有机生成设计方法缘起

人类从有风景园林起，不同时期的风景园林活动，都是那个时代经济社会文化发展阶段的缩影，应该属于物质基础之上的上层建筑意识流的外在表达，当然，也会有强烈的地域特征。地域是什么？地域是反映时空特点、经济社会文化特征的一个概念；简言之，土地范围或地区范围，即指一定的地域空间。地域性表征，往往是由自然要素与人文要素相互作用而形成系统性的综合体。所以，我们谈地域，常常是区域性、人文性和系统性三个特征并存而立。不同的地域好比不同的镜子，反射出不同的地域文化，形成别具一格的地域特征。例如，安徽省的简称"皖"，代名"八皖"，便是地域特征之称谓。

"皖"，是安徽省简称（因境内有皖山、皖河，春秋时期有古皖国，故而简称"皖"）。安徽，省名取安庆、徽州首字合成。为什么又以"八皖"为代名词呢？经查，据《清史稿》记载：清初以前，安徽、江苏（包括现在的上海市）是一个省——江南省；到康熙六年（1667），清政府为了减轻"吏事烦冗"，把江南省一分为两，设安徽、江苏两省，乾隆二十五年（1760），又正式定省会于安庆府治怀宁（即现在的安庆市）；雍正十三年（1735）以后，安徽省由原管辖的七个府、三个直隶州，增至八个府（即安庆、徽州、宁国、池州、太平、庐州、凤阳、颖州）和五个直隶州（即滁州、和州、广德、六安、泗州）。这样，人们便把拥有八个府的安徽，称为"八皖"。

"八皖"之地，无论是明朝的"南直隶省"，还是后来清朝的"江南省"，皆为当时全国最富裕的省份之一。清初时，每年仅江南一省上缴的赋税额就占了全国所收赋税总额的近三分之一；在科考方面，江南一省的上榜人数则占了全国的近一半，于是乎"天下英才，半数尽出江南"。可见安徽从明代到清代一直都是富庶地区。如今安徽省是长三角的重要组成部分，处于全国经济发展的战略要冲和国内几大经济板块的对接地带，其经济、文化和长江三角洲其他地区有着历史和天然的联系。安徽省地势由平原、丘陵、山地构成，跨淮河、长江、钱塘江三大水系，地处暖温带与亚热带过渡地区。淮河以北属暖温带半湿润季风气候，淮河以南为亚热带湿润季风气候，南北兼容。安徽省是中华文明的重要发祥地，研究人员在繁昌县人字洞发现距今约 250 万年前人类活动遗址，在和县龙潭洞发掘了 40 万至 30 万年前旧石器时代的"和县猿人"遗址，等等；同时，因为安徽也是多民族省份，分散居住着 50 多个少数民族，加上地理地带气候带差异因素，故"八皖"之地，人文荟萃、文化源远流长，分别诞生了徽州文化、淮河文化、皖江文化、庐州文化等四个文化圈层。

书名《回望八皖》，用八皖，是想凸显书中所列的项目，缘起探索设计方法学时的地域性（当然，我那个时期所做的风景园林设计项目，不仅仅在安徽省域之内）。书中 20 个作品的选择，也有分属在上述四个文化圈层中的考虑。

众所周知，20 世纪 80 年代是中国城市全面启动快速大开发的年代，也是中国风景园林事业重新起步的年代，但真正的风景园林全面建设起步要比建筑、城市规划等相关城市建设行业大致晚 3 至 5 年，可以说是慢半拍。进入 20 世纪

90 年代后，安徽省和全国一样，大小城市都先后全面启动了风景园林建设。我们这些科班出身的风景园林人，也开始忙碌起来，风景园林项目一年比一年多。记得，到 90 年代中后期甚至是没日没夜地赶图、赶现场。当时，我毕竟是高校园林规划设计任课老师和园林规划设计研究所所长，在完成一个又一个项目的同时，对设计方法学的思考和探索从未间断。

一个学科专业成熟的标志，应是概念清晰、理论扎实、原理完整、方法高效和技术成套，以及有成功的作品、产品、案例等。其中，"方法"总是承上启下的，甚至是具有核心意义的，可能也是最能表征学科专业成熟与否的中坚。遗憾的是，直到 20 世纪末，在中国风景园林学科专业实践中，好像没有形成当代风景园林学科专业实用的方法学，所以，我是不间断地思考和探索风景园林设计方法学的。回头看，伴随着国家建设发展大背景，大约在 1991—2000 年期间，是由我本人执笔设计项目类型、数量最多，规模最大的时期，小到楼前庭院，中到城市公园、广场，大到城市绿地系统、国家森林公园，估算下来三四十个是有的。当然，这个时期也是我对风景园林设计方法学思考和探索最集中的十年，虽然我的《论风景园林的有机生成设计方法》一文，直到 2018 年才发表（张浪.论风景园林的有机生成设计方法 [J].园林,2018(4)）。发表如此之晚，究其原因还是认为自己没完全想明白，甚至直到现在也认为没完全想明白，所以只是形成了一种风景园林设计方法的框架而已。

回想 20 世纪 90 年代，先不去谈什么理念，我们已知东西方造园家、理论家的研究总结不少，例如 1978 年，陈从周先生发表《说园》，在书中，他提出了一个著名的论断：造园有法而无式。他认为"法"即在于人们巧妙运用其规律。但是，每个项目，真正具体到不同的场地条件、功能要求时，复杂的风景园林设计之"法"是什么、在哪里？像计成的《园冶》所说"巧于因借（因地制宜，借景）"、伊恩·麦克哈格的《设计结合自然》所述的千层饼式的地域生态设计等，是否就是"法"呢？我想，可能至多是些单项方法而已，还称不上是一套方法吧。因为，当时实际项目所涉及的因子总是诸多的，不仅仅是造景或生态或其他什么。在具体设计活动中，我们通常总是从场地资源、功能需求、空间形象三个脉络入手，设计师是当然的主体，客体对象应该主要包括本底资源、地域人文、服务功能，加上设计师主体作用下的再造，形成人本关怀、空间形态、空间风格。所以，能否把诸多因子概括成本底资源、地域人文、服务功能、人本关怀、空间形态、空间风格等六大设计要素，再具体些说，本底资源、地域人文要素是对场地现状自然与人文资源与条件的尊重；服务功能、人本关怀要素是对于场地功能需求的回应；空间形态、空间风格要素是对于场地空间形象呈现的把控，也是整个设计生成中凸显设计创意的主要环节。整个设计过程，最重要的可能是要始终贯穿"有机融合"思想，即充分考虑各要素之间的有机统一，及其与周边环境之间的有机联系。通过对本底进行调查评价等手段，自下而上地提取凝练、平衡场地各类资源，使得设计契合场地特征和人为活动需求，通过对每个生成要素中主要生成因子的收集分析、选择确定、协调把控，最终生成一个新的协调统一的环境系统，实现场地的资源保护和可持续利用。

当然，就某一个学科专业的方法学而言，方法可以是多种多样的、异曲同工的，判断方法学优劣的标准，应该是看其能否高效地解决问题，而且是独特的。我只是想根据自己的设计实践体会，去探索自己的设计方法，其基本想法是：当下的风景园林设计，应该是上述的六大要素有机生成的结果，是一种以延续地域特征为前提，顺应自然规律、尊重人的需求为法则，正确处理保护与利用关系，创造永续使用的风景园林空间场所的人类活动。所以，在书中20个项目的介绍中，每个项目都附有六大有机生成要素的不同影响组分分析图。

本书的交印出版是带着不少遗憾的。比如：原始资料缺失，项目介绍显得逻辑跳跃；较20多年后的当下风景园林新作品缺乏对比研究，参考价值自然会有所降低；风景园林有机生成设计方法的方法学研究，仅停留在框架性的描述论证上，没能展开细化、具化，等等。同时，书中内容难免挂一漏万，甚至还存在错误之处，在此，也敬请同行读者给予批评指正。

2020.02.02

目 录 CONTENTS

代总论：论风景园林的有机生成设计方法

The organic generative design method for landscape architecture

摘要： 风景园林设计作为一种创作活动，其本源是一个有机逻辑生成推演的过程。本文针对现今一些风景园林设计中因偏离其创作活动本源，从而出现异地复制设计、主观臆断设计等诸多问题的现象，回归本源，阐述自下而上的风景园林有机生成设计方法，揭示其延续性、系统性、独特性、动态性四大整体特征，筛选出本底资源、地域人文、服务功能、人本关怀、空间形态、空间风格等六大生成要素，并阐述各生成要素间的拓扑关系，以及各要素有机推演生成方法。目的是通过风景园林有机生成的设计方法学研究，实现设计与自然资源、设计与使用者以及设计各要素之间的协调统一和有机延续，实现场地的永续利用和可持续发展。

关键词： 风景园林；有机生成；设计方法

风景园林设计是利用土地及地表地物、地貌等资源，以满足人及人群需求为目的，综合协调山石、水体、生物、大气，以及城市、建筑构筑物、场地人文等环境因素，进行空间再造的人类活动之一[1]。

"有机"一词来源于生物学中的"有机体""有机物"等概念。其在《现代汉语大词典》中引申释义为"事物构成的各部分互相关联，具有不可分的统一性"，并被广泛运用于生物、化学、文学、美学、设计等诸多领域。结合风景园林概念，不难发现，不论是在设计过程中对于要素、空间、功能的协调安排，还是设计结果对于人与自然和谐相处的追求，都与"有机"概念相吻合。

纵观历史，从中国传统园林中"自然原型"的提取凝练，不同园林要素间的"拓扑同构"[2]以及"天人合一""虽由人作、宛若天开"的设计理想，到现代主义设计大师赖特的"有机建筑"、生态设计之父伊恩·麦克哈格的《设计结合自然》，有机的思维贯穿了传统风景园林设计的始终。优秀的风景园林设计，其作品往往如生长于特定场地之上独特的有机体一般，场地上各设计要素、空间、功能以及周边环境有机融合，形成一个各个部分相互关联、有机统一的景观系统。

然而，现今的很多风景园林设计，往往忽视了设计的有机性，人为割裂了设计的内在联系及其与周边环境的有机关联：或未立足基地本体，对基地及其周边自然资源与生态环境造成不应有的破坏；或忽视使用者功能需求，过度追求形态形式与立体构图；或忽略文脉与地域特征，设计作品趋于雷同，模仿之风盛行[3]等，各种设计问题层出不穷，回归风景园林设计有机本源，倡导卓尔有效的风景园林有机生成设计思维与方法迫在眉睫。

近年来，学界在风景园林设计理论与方法上，进行了诸多探索与实践，从"三元论"[4]"境"与"境其地"[5]理论、文化传承与"三置论"[6]"耦合原理"[7]等理论研究到数字化景观、海绵城市、雨洪系统[8]-[10]等实践探索，都或多或少包含了有机生成的设计思想。本文试图提出并阐述风景园林有机生成设计方法，为风景园林设计方法论的最终形成做些有益的探索。

注：本文发表于《园林》2018 年第 4 期，题名为《论风景园林的有机生成设计方法》。

1 风景园林有机生成设计方法提出

1.1 风景园林有机生成设计的整体特征

风景园林的有机生成设计，其核心在于利用土地、地物、地貌、水体、气候条件，结合功能取向、人文资源等生成新的场地、功能、空间、人文等各要素和谐统一的有机整体。从整体、结果上看，作为一个有机的景观环境系统，有机生成设计呈现出系统的特征：

（1）延续性——风景园林有机生成设计，是对于场地要素的有机生成与逻辑推演。设计以尊重场地为前提，充分考虑、尊重、协调场地原始土地、地物、地貌、水体、气候条件等各个要素。因而，通过有机生成设计所形成的景观环境系统，可以很好地保留场地独特风貌，延续场地特征与场所精神。

（2）系统性——作为一个类似生物有机体的景观环境系统，设计各生成要素相互联系、相互作用，共同形成整个景观环境系统的独特个性，并呈现出"整体大于部分之和"的特征。同时该景观环境系统又处于更大的环境之中，与周边环境相互融合，是更大的生态系统中的一个组成部分。

（3）独特性——由于设计生成中场地、地域文脉等要素的不同，设计整体呈现出独特的地域特征。不同的场地资源条件、不同的功能需求、不同的植栽配置、不同的空间构成、不同的文脉传承共同催生由场地而生的独特景观，也决定了设计的不可复制与不可移植。

（4）动态性——不同要素的变化、周围环境改变而随之带来的设计改变、不同要素组成比例的侧重变化等都会影响整个有机生成设计结果的呈现，并赋予景观环境系统动态特征。类似于生物有机体的开放系统，有机生成的景观环境系统通过各个要素内部调节，及其对环境的变化适应，可以保持持续性升级与活力提升。反之，也可能因要素调节不当使系统失衡、功能减退、活力衰落[1]。

1.2 风景园林有机生成设计的控制要素

风景园林设计的有机生成，归根到底，是在以遵从自然规律和人文情怀为前提条件下，人为改变场地上各要素、各因子的衍生过程。因而风景园林的有机生成设计，其重点在于对其主要生成要素的控制与关系的协调。

在具体设计活动中，主要从场地资源、功能需求、空间形象三个脉络入手，重点对本底资源、地域人文、服务功能、人本关怀、空间形态、空间风格等6个主要生成要素进行推演和再造（表1）。通过对于每个生成要素中主要生成因子的收集分析、选择确定、协调把控，最终生成一个新的协调统一的景观环境系统，实现场地的资源保护和可持续利用。其中，本底资源、地域人文要素是对场地现状自然与人文资源和条件的尊重。服务功能、人本关怀要素是对于场地功能需求的回应。空间形态、空间风格要素是对于场地空间形象呈现的把控，也是整个设计生成中凸显设计创意的主要环节。

表1 风景园林有机生成设计要素及包含的主要因子

类别	生成要素	主要因子	类别	生成要素	主要因子
场地资源	本底资源	气候气象	功能需求	服务功能	生态功能
		土壤、地形地貌			景观功能
		水体水质			社会功能
		生物资源			经济功能
	地域人文	历史	空间形象	空间形态	空间布局
		文化			空间构成
		民俗			空间序列
功能需求	人本关怀	个人行为		空间风格	自然因素
		群体行为			地域因素
		社会行为			民族因素

1.3　风景园林有机生成设计的拓扑关系

风景园林设计活动过程，实质是对各要素人为推演至最终生成结果，使要素间互相平衡、互相联动和满足功用的过程。其总体而言是一种自下而上的过程（图1），通过对场地各要素、各因子的综合考量与改变，设计生成新的自然、人文、功能、人本、空间特征，并最终生成一个满足场地资源条件、符合场地功能需求、具有自身空间形象特色的协调统一的景观环境系统。

在生成过程中，各个要素内部、各个要素之间以及各个要素与整体之间，呈现出相互依赖、相互限制、相互影响、互不可缺的网状拓扑关系。例如，场地本底资源会对场地功能、空间的生成有所限制，而不同的功能需求又会催生不同的空间形象等[12]。在具体设计活动中，往往根据基地特征，选择出一种或两种重要生成要素作为主导要素，来进行推演完成整个场地的设计生成。

2　风景园林设计要素有机生成方法剖析

2.1　本底资源要素的有机生成

"因地制宜，随势生机"，场地本底资源是风景园林有机生成的基础，对于整个景观环境系统的有机生成具有决定性作用。本底资源的有机生成，具体而言，主要包括对于场地气候气象（降雨量、风向变化、日照强度以及温湿度等）因子的综合考虑、场地微气候的营造；对于场地土壤理化性质的明确与考量，对于场地原始地形地貌的尊重与因势利导；对于场地水环境因子的利用、改善或营造；对于场地内植物、动物、微生物等生物因子的综合分析及与其相匹配景观环境营建等[13]。

例如，在设计初期，通过对地形条件进行分析，限制其不利的方面，突出其有利的方面，并尽量保留原有地形，这样既可保留场地原始特征，又可减轻设计的工程量。而在设计生成中对适地适树理念的贯彻以及对于场地原生生境的保护或营建，则能更好地实现场地的生态永续发展。

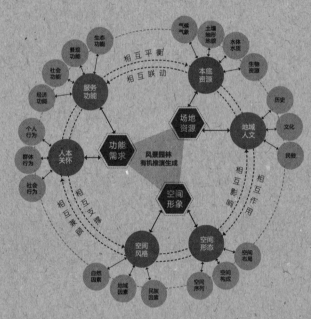

图1 风景园林有机推演生成的拓扑关系

2.2 地域人文要素的有机生成

地域人文要素的有机生成，主要是场地地域特征，包括历史、文化、民俗等特征因子的体现，是整个场地有机生成的灵魂要素。在社会经济文化日益发展的今天，对于地域文化的关注与传承越来越受到人们的重视，在设计中对于历史、文化、民俗等人文要素进行有机生成，可以很好地体现场地地域特征，有效避免千园一面、千城一面等现象的产生。

同时，对于地域人文要素的有机生成，也是对园林文化内涵的深入挖掘，以及对我国传统文化的有力传承。传统文化作为中华民族的瑰宝，是历史给予的馈赠，将其与现代景观设计相结合，可以生成更具有文化和情感认同感的景观环境。

2.3 服务功能要素的有机生成

由风景园林设计所生成的综合景观系统，往往承载着各种功能，以满足使用者的需求，以及风景园林自身发展与区域发展需求，因而不同的场地功能需求导向，也会影响设计的最终效果。服务功能要素的有机生成，主要体现在生态功能、景观功能、社会功能与经济功能四个方面。由于不同的场地，其性质定位、资源条件、周边环境、使用人群等因素各不相同，其服务功能也往往各有侧重。例如，在一些生态功能需求较高的区域，设计主体往往以服务于场地生态功能为主，整体设计围绕生态展开生成，并最终形成以生态为主导的景观环境系统。

2.4　人本关怀要素的有机生成

风景园林设计讲究以人为本，其最终是为场地的使用者服务的，因而在设计生成中，在满足场地一般功能的同时，需特别注意场地的人本关怀。设计中，需将使用者的行为心理作为重要的因子，满足不同使用者的不同需求。同时，结合场地功能特征，注重塑造场地独特的场所精神，赋予场地精神内涵。

在人本关怀要素的有机生成中，需要综合考虑场地中个人行为、群体行为与社会行为对于场地景观环境的不同需求，并在设计中予以反馈，提供发生必要性活动、可选择性活动和社会性活动等各类活动的丰富空间，激发景观环境中人们观看、参与、交往等多种行为可能。

2.5　空间形态要素的有机生成

空间是风景园林设计的重要载体，从整体空间区划到具体空间构成，再到空间序列的串联，决定整个景观环境系统的结构布局与特征。同时，不同的空间形态生成会带给使用者以不同的空间感受，形成不同的场所氛围。

在空间形态要素的有机生成中，需要根据功能与场地资源条件等的需求、限制，明确空间区划，划分空间旷奥；通过植物、建筑、构筑物等要素营建各类大小不一的生机勃勃的空间；通过各个不同空间的组合链接，形成不同的空间序列。例如，中国古典园林中常通过欲扬先抑的空间手法，通过空间的旷奥对比，给人以豁然开朗之感[14]。

2.6　空间风格要素的有机生成

空间风格特指某种空间造型形式所表现出的形式特征。不同的空间风格，源于不同的自然、地域、民族等因子影响。例如，东南亚地区地处热带，受热带雨林或热带季风气候影响，多为湿热天气，其景观空间富于变化，景观中常有较多廊亭与水景泳池穿插，植被茂密丰富、多热带大型的棕榈科植物及攀藤植物，同时受多种宗教文化影响并结合当地文化，景观雕塑小品常常极具地域特征，整体景观风格极具热带风情。

在空间风格要素的有机生成中，除考虑场地设计功能需求外，需充分考虑场地特色及当地地域民俗因子影响，避免出现景观风格的刻板复制与不合时宜的低级模仿。

3　结语

风景园林有机生成设计，是一种以延续地域特征为前提，顺应自然规律、尊重人的需求为法则，正确处理保护与利用关系，创造千差万别、永续使用的风景园林空间场所的人类活动。其立足于各要素逻辑推演，充分考虑各要素之间的有机统一，以及其与周边环境之间的有机联系，通过设计场地本底资源、地域人文、服务功能、人本关怀、空间形态、空间风格等各要素自下而上的设计生成，形成具有延续性、系统性、独特性与动态性特征的空间环境。由于设计的生成自下而上，充分进行提取凝练、平衡场地各类要素，使得设计契合场地特征和人为活动需求，具有独特的个性，有利于实现场地的永续利用和可持续发展。

THE ORGANIC GENERATIVE DESIGN METHOD FOR LANDSCAPE ARCHITECTURE

Zhang Lang

Abstract: Landscape architecture design is a creative activity and is essentially a process of organic, logical generation and deduction. In this paper, we describe a bottom-up organic generative design method for landscape architecture to resolve various problems caused by methods that deviate from landscape architecture's origin of creative activity, such as copy-cat design or subjective design. We reveal the four general characteristics of the method, i.e., continuity, systematicness, uniqueness, and dynamicity, and its six major generative elements, i.e., background resources, local culture, service functions, humanistic care, spatial form, and spatial style, as well as the topological relationships among the elements and the organic derivation method of each element. Through the study of the landscape architecture design methodology of organic generation, we want to achieve coordination and organic continuation between design and natural resources, between design and users, and among design elements, as well as the persistent use and sustainable development of the site.

Key words: landscape architecture; organic generation; design method

Landscape architecture design uses various land resources as well as the features and landforms of the land surface to achieve spatial recreation by comprehensively coordinating rocks, water bodies, organisms, and atmosphere, as well as environmental factors such as cities, building structures, humanistic elements, etc., To meet people's needs. The term "organic" originates from concepts in biology such as "organism" "organic compound" etc. *The contemporary Chinese dictionary* interprets the term "organic" as "the parts of things that are interrelated and have inseparable unity", a concept that has been widely used in many fields, such as biology, chemistry, literature, aesthetics, and design. When combined with landscape architecture concepts, whether it is the coordinative arrangements of elements, spaces, and functions in the design process or the pursuit of design results that harmonize man and nature, the concept of "organic" is obviously in play.

Throughout history, from the design ideas of traditional Chinese gardens, e.g., the extraction and condensation of "natural archetypes", the "topological isomorphism" among various garden elements, the "union of heaven and man," and "appearing natural despite man-made", to the "organic architecture" of Wright, the modernist design master, and the *Design with Nature* of Ian McHarg, the father of eco-design, organic thinking has been ubiquitous in traditional landscape architecture design. The products of excellent landscape architecture design are often similar to unique organisms growing in a certain site whose design elements, spaces, and functions in the site are organically integrated with the surrounding environment, forming a landscape system with interrelated and united parts. However, many of today's landscape architecture designs have often overlooked their organic nature and have manually separated the intrinsic connections of the design and its organic association with the surrounding environment. Such designs are either not based on the site itself, which causes unnecessary damage to the natural resources and ecological environment surrounding the site; ignores users' functional needs, and excessively pursues forms and spatial composition; or overlooks the site's context and local features, which result in designs that do nothing but imitate one another, along with various other design problems. Thus, it is high time to return to the organic origins of landscape architecture design and advocate for effective ideas and methods of organic generative landscape architecture design.

In recent years, scholars have intensively studied landscape architecture design theories and methods and have proposed ideas such as "trilism" [4], the theory of "scenery" and "making scenery of the site" [5], cultural heritage and the "three-position theory" [6], the "coupling principle" [7], as well as considering various practices such as the digital landscape, sponge city, rainwater systems, etc., All of which more or less involve the organic generative design perspective. Here, we propose and describe the organic generative design method for landscape architecture, aiming to explore some useful avenues for the final formation of landscape architecture design methodology.

1 INTRODUCTION TO THE ORGANIC GENERATIVE DESIGN METHOD FOR LANDSCAPE ARCHITECTURE

1.1 General features of the organic generative design of landscape architecture

The core of the organic generative design of landscape architecture lies in generating a new organic entity with harmony and unity of various elements such as the site, functions, spaces, humanistic elements, etc., by making good use of land, land surface features, landforms, water bodies and climatic conditions and combining functional orientation and human resources. In terms of the whole picture and outcome, organic generative design produces an organic landscape environment system that exhibits the following system characteristics:

(1) Continuity: the organic generative design of landscape architecture is the organic generation and logical deduction of the site elements. The design is based on respect for the site and fully considering, recognizing, and coordinating the elements of the site (e.g., Original land, ground objects, land surface features, water bodies, and climatic conditions) so that the landscape environment system generated through organic generative design can preserve the unique features and spirit of the site.

(2) Systematicness: the landscape-environment system is similar to an organism, and its generative design elements are correlated and interact with one another to jointly form the unique features of the entire landscape environment system while exhibiting the feature of "the whole being greater than the sum of its parts". At the same time, this landscape environment system is located within a larger environment and integrated with the surrounding environment as an integral part of a larger ecosystem.

(3) Uniqueness: because elements in generative design (e.g., site and local context) differ, the design generally reflects unique local features. Different site resource conditions, different functional requirements, different planting configurations, different spatial compositions, and different heritage contexts give rise to a unique landscape created by the site, which also ensures that the design is nonreplicable and nontransportable.

(4) Dynamicity: changes of different elements, design changes caused by surrounding environmental changes, and the changes of the weights of various elements affect the presentation of the overall generative design result while creating dynamic features within the landscape environment system. Like the open system of organisms, the landscape-environment system created through organic generation can continuously upgrade and improve its vitality through the internal adjustment of various elements and adaptation to environmental changes. Conversely, the system may also lose equilibrium, dysfunction, and decline in vitality due to improper adjustment of elements.

1.2 Control elements of organic generative design of landscape architecture

The organic generation of landscape architecture design is essentially an evolutionary process that manually changes site elements and factors to comply with the laws of nature and human feelings. Therefore, the key to the organic generative design of landscape architecture is the control of the main generative elements and the coordination of the relationships among the elements.

In specific design activities, three approaches, e.g., site resources, functional requirements, and the spatial image, are mainly taken to focus on the deduction and recreation of six main generative elements, e.g., background resources, local culture, service functions, humanistic elements, spatial form, and spatial style (table 1). By collecting, analyzing, screening, determining, orchestrating, and controlling the main generative factors of each generative element, a new coordinated and united landscape environment system is ultimately generated to achieve the resource protection and sustainable utilization of the site.

Among these elements, background resources and regional humanistic elements are associated with respect for the natural and humanistic resources and conditions of the site. The service function and humanistic elements address the site's functional needs, while the spatial form and spatial style elements control the presentation of the spatial image of the site, which is also the main aspect of the generative design that serves to highlight the design ideas.

Table 1 Elements of organic generative design of landscape architecture and their main factors

Category	Generative elements	Main factors	Category	Generative elements	Main factors
Site resources	Background resources	Climate and weather	Functional Requirements	Service functions	Ecological functions
		Soil, topography			Landscape functions
		Quality of water bodies			Social functions
		Biological resources			Economic functions
	Regional humanities	History	Spatial image	Spatial form	Spatial layout
		Culture			Spatial composition
		Folk custom			Spatial sequence
Functional requirements	Humanistic elements	Personal behavior		Spatial style	Natural factors
		Group behavior			Geographical factors
		Social behavior			Ethnic factors

1.3 Topological relationships in the organic generative design of landscape architecture

The process of landscape design activities is essentially the process of bringing elements together to produce a final result in which the elements are balanced, interlocked, and able to meet functional needs. Overall, this process is a bottom-up approach (figure 1) that comprehensively considers and changes elements and factors to ultimately generate a landscape environment system that accommodates the site resource limitations, complies with the site's functional requirements, and has its own spatial image characteristics.

In the generation process, topological network relationships that are interdependent, mutually restraining, mutually influencing, and indispensable to one another are present within the internal parts of each element, among the elements, and between each element and the whole. For example, site background resources can limit the generation of site functions and spaces, while different functional requirements give rise to different spatial images. In specific design activities, one or two important generative elements are often chosen as the dominant elements from which to deduce and complete the generative design of the entire site.

2 ANALYSIS OF THE ORGANIC GENERATIVE METHOD OF LANDSCAPE ARCHITECTURE DESIGN ELEMENTS

2.1 Organic generation of background resource elements

"Implementing organic generative design according to local conditions" is the underlying principle of this approach. The site background resources are the basis for the organic generation of landscape architecture and play a decisive role in the organic generation of the entire landscape-environment system. Specifically, the organic generation of background resources includes the comprehensive consideration of the climate and weather elements of the site (e.g., precipitation, wind direction changes, sunlight intensity, temperature, and humidity); the creation of the site microclimate; the clarification and consideration of the physical and chemical properties of the site soil; the respect and proper utilization of the site's original terrain and topography; the utilization, improvement or construction of the hydrological factors of the site; the comprehensive analysis of the site's biological factors (e.g., plants, animals, and microorganisms); and the creation of a landscape-environment that harmonizes these elements.

For example, in the early stage of the design, analyzing the terrain conditions to mitigate the negative aspects while highlighting the positive aspects, maximally retaining the original terrain, not only preserves the original features of the site but also reduces the engineering quantity of the designed project. For example, the implementation of the idea of selecting appropriate tree species based on local conditions in the generative design and the protection or construction of the original habitat of the site can better achieve the ecological and sustainable development of the site.

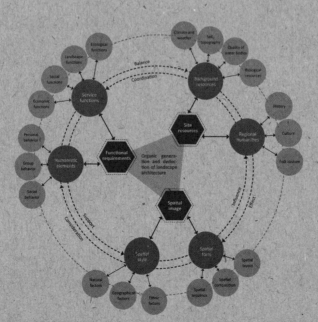

Figure 1 The topological relationships of organic deduction and generation of landscape architecture

2.2 Organic generation of regional humanistic elements

The organic generation of regional humanistic elements primarily involves the presentation of the site's regional characteristics, including the presentation of unique characteristics such as historical, cultural, and folk factors — in other words, the soul of the entire site. Today, with the development of social economy and culture, increasingly more importance is attached to regional cultural heritage. In the design process, organic generation using humanistic elements such as history, culture, folk custom, etc. Can reflect the site's regional characteristics and effectively avoid the phenomenon of copy-cat design in cities and gardens.

At the same time, the organic generation of regional humanities elements in china is also an in-depth mining of the cultural connotations of gardens and the powerful inheritance of chinese traditional culture. Traditional culture is a gem of the chinese nation and a gift from history, and combining it with modern landscape design can generate a landscape-environment system with stronger cultural and emotional identity. [10]

2.3 Organic generation of service function elements

The integrated landscape system generated through landscape architecture design often carries a variety of functions that can meet the many and varied needs of users, of development of the landscape architecture itself, and of regional development. Therefore, the functional requirement orientations of different sites also affect the final outcome of the design. The organic generation of service function elements is mainly reflected in four aspects: ecological function, landscape function, social function, and economic function.Different sites have different factors, such as the nature of the location, resource conditions, surrounding environment, and user population, so their service functions are often differentiated. For example, in some areas with higher demand for ecological functions, the main design subject is focused on paying service to the ecological functions of the site. The overall design in such a context is implemented and generated based on ecological aspects, ultimately forming an ecology-dominated landscape-environment system.

2.4 Organic generation of humanistic elements

Landscape architecture design is people-centered, with the ultimate goal of serving the users. Therefore, in generative design, while providing the site's general functions, it is also necessary to pay special attention to the site's humanistic aspects. At the same time, combined with the site's functional characteristics, it is also necessary to attach importance to the creation of the site's unique spirit to appropriately recognize the site's spiritual connotations.

In the organic generation of humanistic elements, it is necessary to comprehensively consider the different needs of individual behavior, group behavior, and social behavior related to the site and its landscape environment and to reflect these needs in the design to provide adequate space for various activities, including necessary activities, optional activities, and social activities, thereby stimulating people's various behavioral possibilities in the landscape environment such as spectating, participating, and interacting with one another.

2.5 Organic generation of spatial form elements

Space is a principal carrier of landscape architecture design. The overall zoning of space, the specific spatial composition, and the connection of spatial sequences determine the structural configuration and characteristics of the entire landscape environment system. At the same time, generations of different spatial forms can inspire different spatial feelings in the site's users, thereby forming different site atmospheres.

In the organic generation of spatial form elements, it is necessary to define spatial zones and openness according to the needs and limitations of the site's functions and resource conditions; to invest various living spaces of different sizes with vitality through plants, buildings, structures, and other factors; and to form different spatial sequences through the combination and connection of different spaces. For example, in chinese classical gardens, the spatial expression method of restraining before loosening was often adopted to generate the perception of openness through spatial openness contrast. [11]

2.6 Organic generation of spatial style elements

Spatial style refers to the formal characteristics of a certain spatial form. Different spatial styles are derived from influences of different natural, geographic, and ethnic factors. For example, Southeast Asia region, located in the tropics, is affected by tropical rain forests or tropical monsoon climate and is thus hot and humid, so its landscape space is richly varied, with many corridors, gazebos, swimming pools, and lush vegetation of tropical palm plants and climbing vines. Under the influence of various kinds of religious culture and their integration with the local culture, landscape designs in this region are often full of local features, making the overall landscape style very tropical.

In the organic generation of spatial style elements, in addition to considering the functional requirements of the site, it is necessary to fully consider the site characteristics and the influence of local folk factors to avoid stereotypical copying of the landscape style and tasteless low-level imitation.

3 CONCLUSION

The organic generative design of landscape architecture is a human activity that takes maintaining geographical characteristics as its premise, conforms to the laws of nature, respects the needs of human beings, and appropriately addresses the relationship between protection and utilization to create landscape spaces and sites that are diverse and sustainable. This process is based on the logical deduction of various elements and fully considers the organic unity among these elements, as well as their organic connection with the surrounding environment, to form spatial environments with the characteristics of continuity, systematicness, uniqueness, and dynamicity through the bottom-up generative design of various elements (site background resources, regional humanistic elements, service functions, humanistic elements, spatial form, and spatial style). The bottom-up generative design approach allows us to fully extract, concentrate, and balance the elements of the site to fit the design to the site's characteristics and the requirements of human activities, creating a unique site personality while facilitating the realization of the site's persistent use and sustainable development.

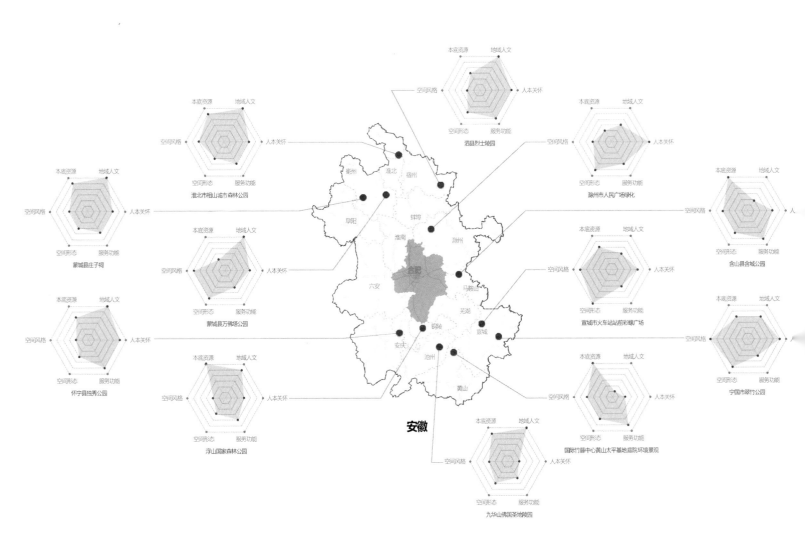

本作品选集项目分布及其有机生成设计要素影响权重分析图

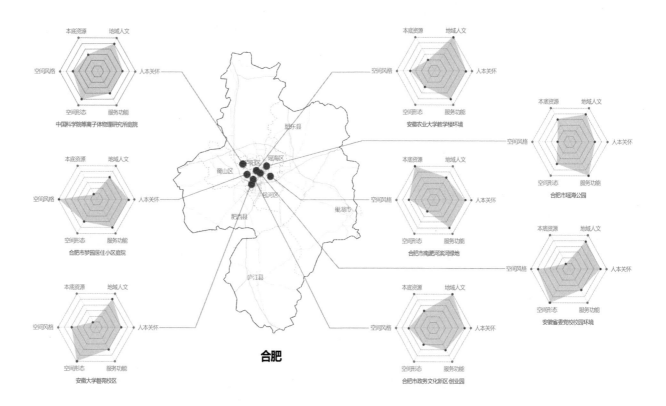

中国科学院等离子体物理研究所庭院

安徽农业大学教学楼环境

合肥市瑶海公园

合肥市梦园居住小区庭院

合肥市南肥河滨河绿地

安徽省委党校校园环境

安徽大学磬苑校区

合肥市政务文化新区创业园

合肥

一 城市公园

CHAPTER 1 / URBAN PARK

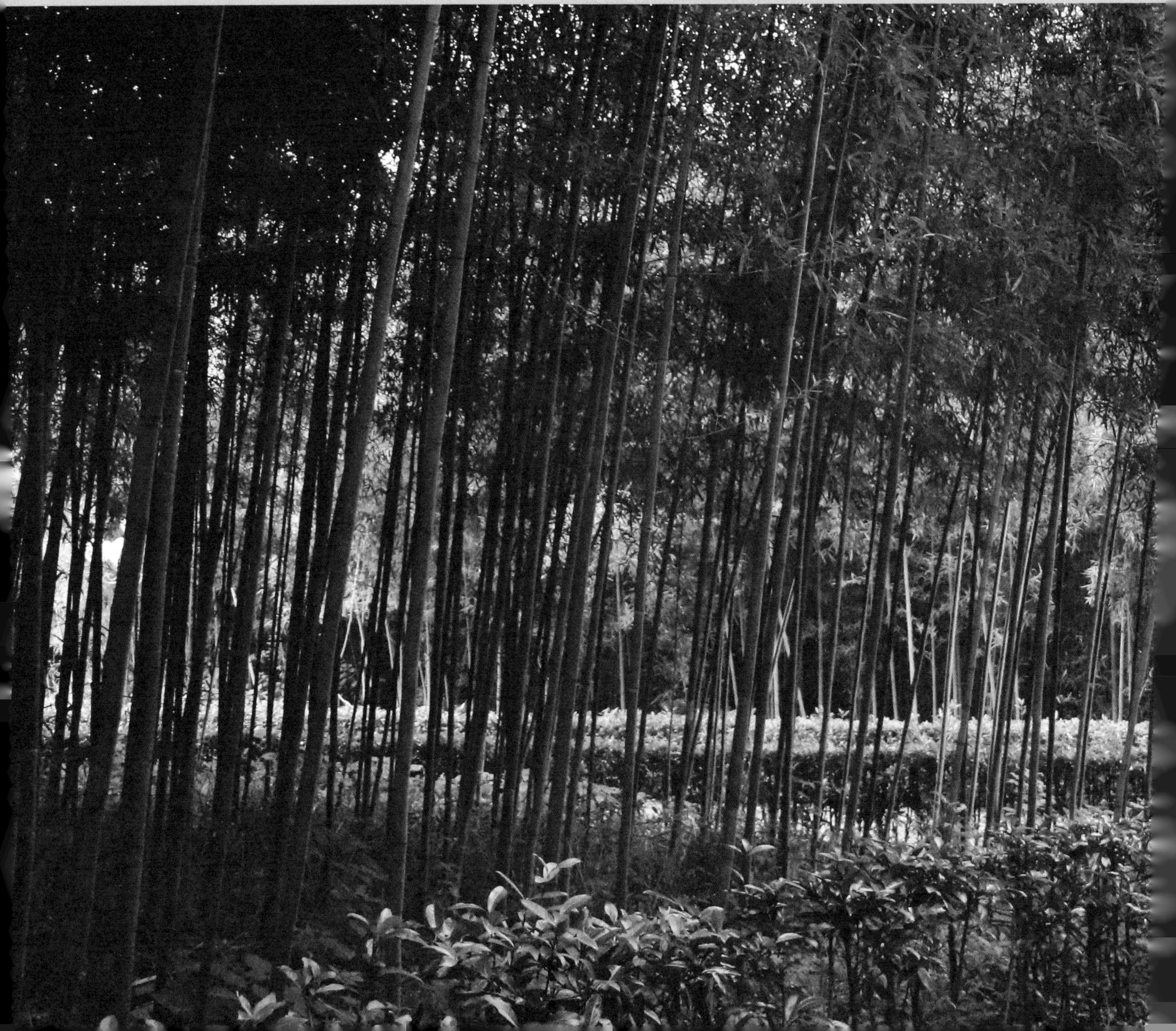

宁国市翠竹公园规划设计

Landscape planning & design of Bamboo Park, Ningguo

项目地点　宁国市
项目规模　8.22 hm²
设计时间　1998 年

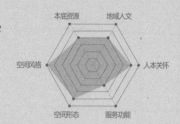

有机生成设计要素影响权重分析图

　　翠竹公园位于安徽省宁国市市区中心，地处穿城而过的母亲河——西津河的中段南岸，由环城北路、济川路将地块与城市用地相隔，与市政府大楼隔路相望，地理位置十分重要。用地地势较为平坦，环城北路至西津河岸堤上的高差为 1~2 m，岸堤下及用地的西北角有滩涂地，翠竹公园的自然植被及对岸的地形、地貌、自然植被均好，场地所属的地域文化为翠竹公园的设计提供了一定的物质条件。

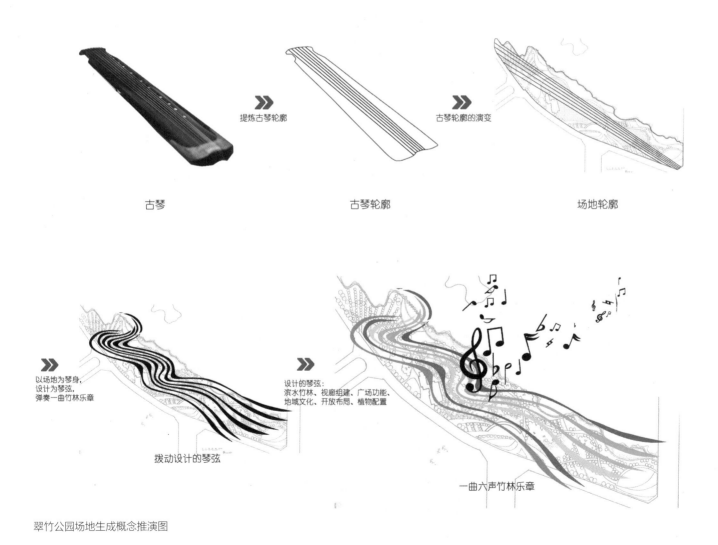

古琴　　　　提炼古琴轮廓　　　　古琴轮廓　　　　古琴轮廓的演变　　　　场地轮廓

以场地为琴身，设计为琴弦，弹奏一曲竹林乐章　　　拨动设计的琴弦

设计的琴弦：滨水竹林、视廊组建、广场功能、地域文化、开放布局、植物配置　　　一曲六声竹林乐章

翠竹公园场地生成概念推演图

注：本文发表于《园林》2018 年第 4 期，题名为《宁国翠竹公园的设计解读》。

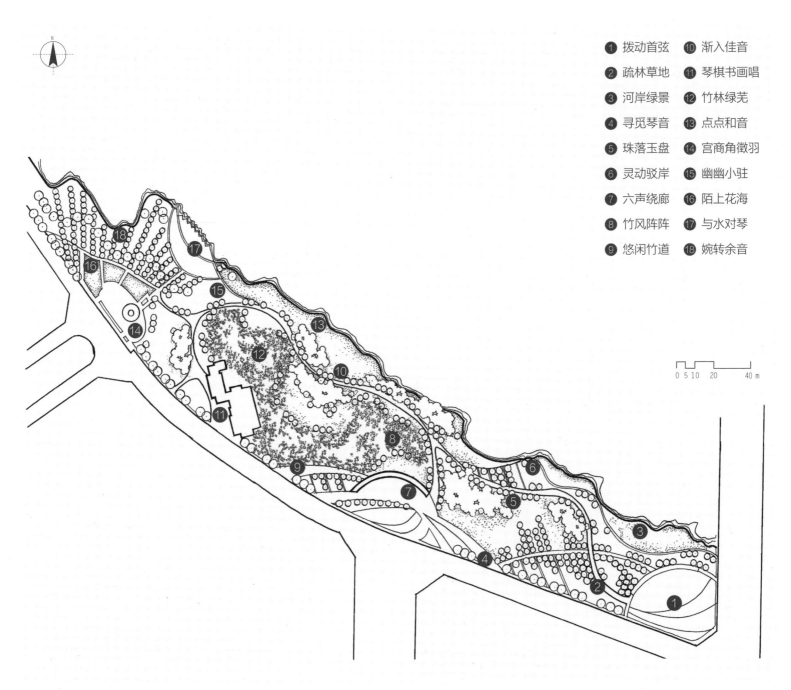

1 拨动首弦　　10 渐入佳音
2 疏林草地　　11 琴棋书画唱
3 河岸绿景　　12 竹林绿芜
4 寻觅琴音　　13 点点和音
5 珠落玉盘　　14 宫商角徵羽
6 灵动驳岸　　15 幽幽小驻
7 六声绕廊　　16 陌上花海
8 竹风阵阵　　17 与水对琴
9 悠闲竹道　　18 婉转余音

0 5 10　20　　　40 m

总平面图

翠竹夹道

翠竹公园，顾名思义以竹子闻名四方，而竹更添丝蕴之风，古有竹林七贤，弹奏古琴，拨弄阮咸，尽显风流潇洒姿态；今有卧虎藏龙协奏曲里惊艳世界的竹笛声。故而，竹子与音乐相配，并且从古一直沿用至今。本场地巧以竹子为特点，不难发现，场地轮廓形状也与古琴相似，在其中进行诸多设计宛如在古琴上拨动不同音阶的琴弦，相互交织在一起，奏响一曲竹林乐章，令人叹为观止。

从市域范围角度看，宁国市市区由东津河、中津河、西津河三条河流穿城而过。宁国市城市园林绿地系统主要有带状滨河绿地组成，也是宁国市城市园林绿地系统的特色；从城市园林绿地系统角度看，翠竹公园是水系绿廊中一个重要片段，应有其本身特色；从宁国城市功能区划角度看，翠竹公园是城市中心区一侧的开放性公共绿地，它还担负着提升环境质量的隔离区作用。

绿竹润色滨水景观

本设计利用绿色竹林为背景，整个公园布局向城市、水面展开。公园的滨河地带的景观场地可将城市周边山水景色尽收眼底，既保护和利用了公园周边环境，又节省相关经济开支。首先对于公园内的本底资源，尊重原先的地形地貌，不对其做太大的改变，保留了大量的滩涂地，在滩涂地种植耐水湿树木、水生植物，使滩涂地形成湿地景观。其次滨水的驳岸采用自然护坡，岸边、水边也种植水生植物，这样丰富了景观的同时，加固了护坡和净化了水质，维护了植物的多样性，增色了园林植被景观。最后更值得一提的是，原有的自然植被——竹林，本身是造景的主要植物材料，这样不仅场地植被得到保护和利用，还使得造景的期限大大缩短，形成独特的竹林景观，与城市滨水景观交相辉映，令人心旷神怡。此为乐章第一弦，"爽籁发而清风生，纤歌凝而白云遏"。

竹林与林下静谧空间

滨水廊亭

视廊组建巧妙对景

从城市景观营造角度分析，规划结合城市道路，将园区内的园林景观，将城市景观、城市街景与公园内的园林景观互为对景。故而在公园内利用竹林成为天然屏风，与相隔不远的疏林草地形成一开一合的对比景色，供游人体验视线通廊的特色，同时也达到在不同地方赏不同风景的"步移景异"之效果，宛如拨动不一样的琴弦，便可以生成动听的琴声。此为乐章第二弦，"五音六律十三徽，龙吟鹤响思庖羲"。

在实现公园对景的过程中，每条视线通廊上保证轴线的两端景点互为对景，相互作用，如六声廊与西津河上的游人步行桥互为场地上东北与西南方向轴线上的对景。作为两处游人聚集率较高的地方，连接两处景点的通道为游人提供多重选择，有青石板的阳光大道，也有翠竹林间的幽幽小径等，游人可以跟从自己的内心去感受几种选择带来的别样景观体验与心灵感受。

广场中心雕塑

景墙与绿植交相呼应

广场体现丰富功能

　　在翠竹公园内，设有六声廊广场和任新民广场两处主要活动广场以及其他次要广场，同时这几处广场充分体现了场地内多元化的功能。在城市主干道交会处设置两个主要活动广场，方便市民休闲，丰富了人们的户外活动，也增进了彼此之间的交流。在细节处理上，设计师们也考虑到游人的安全问题，入口均开设在广场侧边，广场与道路之间用地被植物分割，使人的视线通透，满足交通、景观、围合、空间功能。此为乐章第三弦，"郑女八岁能弹筝，春风吹落天上声"。

　　六声廊广场为场地上主要的活动广场，是场地古琴六根弦的灵感发散地，供游人来此地进行一系列的音乐活动，尤其是老者，开展赛歌喉、跳欢舞的活动，其乐融融。任新民广场是公园内最大的一个广场，为一下沉广场，硬质景观与软质景观结合，相融得当。同时，广场中央矗立着的任新民雕像正对着宁国城市主干道，此段广场位于城市轴线的端点，不仅是视廊通道，也是轴线端点，充分体现城市景观文化形象与功能。

时光哺育浓厚文化

据《宁国县志》记载，西津河水系绿廊中段及周边地块，有较为丰富的文化积淀。挖掘和展示地域文化是园林绿地特色设计所追求的重要手法之一，同时也是风景园林有机生成设计理论的控制要素之一。为使该地段不与其他待建地段的地方文化内容相重复，设计重点表现的是地方历史名人及"故园情"，与已建成的任新民雕像广场内容相协调。此为乐章第四弦，"此夜曲中闻折柳，何人不起故园情"。

场地上有一个重要的文化元素——"竹"。由此追溯至周朝，我国刚开始关注园林景观艺术设计的时候，竹就很荣幸地成为造园活动的主要素材；历史发展至秦朝，竹文化得到了进一步的发展，便有了"始皇起虚明台，穷四方之珍，得云岗素竹"的记载；魏晋时期，最著名的风流名士阮籍、嵇康等"竹林七贤"爱竹、敬竹、崇竹、尚竹、寓情于竹、引竹自况；唐代大诗人白居易主张居必竹、园必竹，在庐山草堂前"仰观山，俯听泉，旁睨竹树云石"，在竹乡悠然自得；南宋爱国词人辛弃疾也发出了"疏篱护竹，莫碍观梅。秋菊堪餐，春兰可佩"的感慨，十分动情地描述了梅兰竹菊这花中"四君子"的园林意境；历史发展到明清时期，用竹来造景造园达到了顶峰，在江南古典园林耦合设计中同样是无竹不成园。翠竹公园也一样有望成为以竹造景的典雅示范，充分展示了竹的秀丽中空、挺拔潇洒，体现出"雅"的风格。在此，游客无不被竹风所吸引、竹林所震撼，流连忘返。

布局彰显开放秩序

翠竹公园以自然流畅的步道为纽带，以稳定的三角形视线通廊为骨架，以小型圆弧围合、切割而成的硬地广场为场所，步道、视廊、广场相互交叉，使园林布局多变而有序，自然而新颖。其中功能合理，场地内各元素之间联系便捷，形成构思新、功能全、空间整的新型城市开放绿地空间，宛如竹林乐章弹奏，会让人有耳目一新之感，浑然不觉这"仙乐"已经悄悄融入了场地的每一个角落，正在与我们的时代融合。此为乐章第五弦，"骊宫高处入青云，仙乐风飘处处闻"。

六声廊广场

竹林围合形成独特的空间体验

绿植谱写有机乐章

作为竹林乐章的高潮部分，同时也是琴弦拨动的最强音，场地内的相关有机植物配置显得尤其重要。场地中以原有竹林作为主调，选择与之协调的地方植物——阔叶箬竹为地被基调，再适当配置地被、色叶树木、盛花乔木等，同时再点缀有地方特色的植物，如山核桃、光叶石楠等，从而秉承了场地上的植物特征与历史文化。此为乐章第六弦，"一弹流水一弹月，水月风生松树枝"。

翠竹公园以植物有机为主要特色，植物配置以翠竹林为主，形成密闭的空间；植物季相注意乔、灌、草相结合，做到春有花、夏有荫、秋有色、冬有绿，体现植物的季相变化；植物种植采用成片、丛植为主要种植形式，使景区显得简洁、自然。同时对于场地内植物、动物、微生物等生物因子一起营建的景观环境体系，力求做到开朗、明快、整齐的效果。设计与场地的"古琴"轮廓相结合，以多元化的植物搭配为前提，场地为琴身，设计为琴弦，共同谱写一曲竹林乐章。

宁国市翠竹公园的成功之处不仅在于其在十几个春秋里依然焕发着欣欣向荣的有机发展态势，更在于在这公园里每个角落的设计中都反映了张浪教授设计团队的人本情怀，值得给更多的园林设计初学者或者园林设计工作者学习和借鉴。

一张古琴，一片竹林，缕缕青烟，阵阵微风……蕴含高雅情操的同道中人，情感丰富的设计者们将场地视为精美绝伦的古琴，想象中款款走来的一位雅人正在抚琴，或低眉信手，或轻拢慢捻，竹林里六弦嘈嘈切切，场地上奏响起竹林乐章，余音绕梁，让游园者感受到无限生机。

合肥市瑶海公园改建设计
Renovation design of Yaohai Park, Hefei

项目地点　合肥市
项目规模　16.67 hm²
设计时间　1991 年

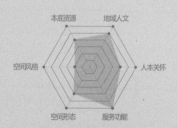

有机生成设计要素影响权重分析图

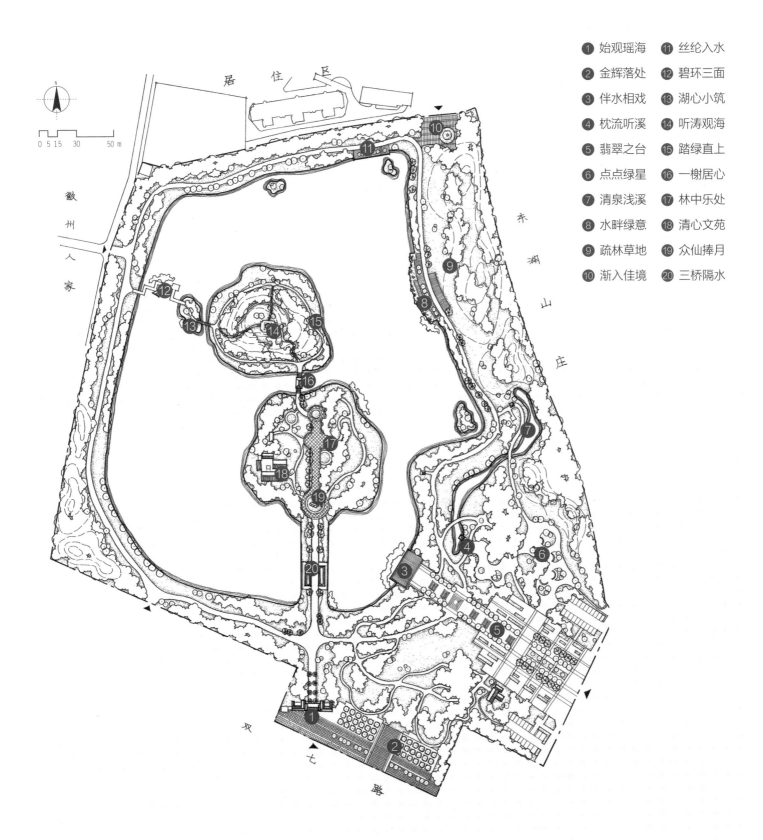

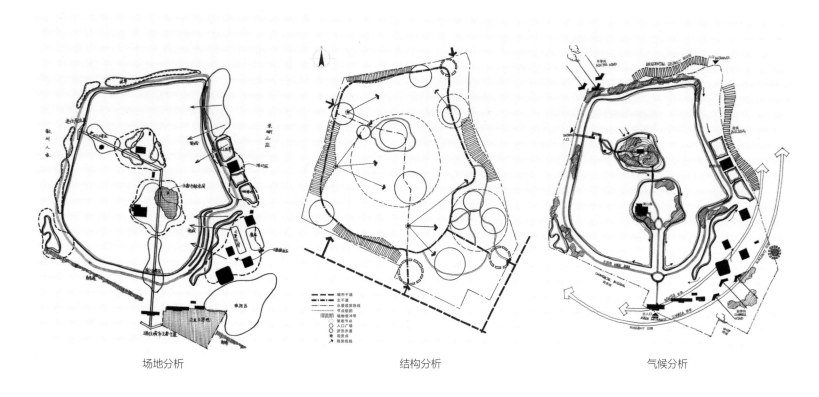

场地分析　　　　　　　　　　结构分析　　　　　　　　　　气候分析

　　瑶海公园位于合肥新站高新技术产业开发区，公园占地面积 250 亩左右，是合肥的四大综合公园之一。随着城市的发展，新站高新技术产业开发区规划了西起瑶海公园、北接景观大道，东南到生态公园，组成新站区政务、文化、商贸中心区的景观生态绿廊；瑶海公园是合肥新火车站的后花园，也是合肥市打造生态城市的组成部分。因此，对瑶海公园重新改造规划，提高其生态功能，完善其社会功能，增加其景观特征，从而可以提升新站区整体文化品位和形象。

水中灵芝点亮人间瑶海

　　整个瑶海水系中最为突出的便是水中的三座岛屿，将瑶海水面进行了有机划分。三座岛屿是对我国古典造园手法"一池三山"的延续，其中岛屿的形状设计借鉴了承德避暑山庄的"如意灵芝树"的概念，灵芝在中国传统文化中具有吉祥之意，因此将瑶海三岛设计成灵芝的形状来表达美好的寓意。

公园南大门

亲水活动丰富感官体验

本设计调整水系形状，增加亲水广场、戏水驳岸等观赏休闲空间，完善了全园游览功能，提高了全园完整性。从整体布局来设计水景，形成各有特色的空间。结合外部空间等点式开放空间，以台阶、绿化等为开敞的分隔界面，使水景成为多角度的观赏对象，进而改善行人、停留在广场或开阔场所的游人的视觉效果。

围墙透景提升视觉美感

结合周边环境，强调公园是城市景观有机组成元素。公园建筑设施在围墙周边分段设置，局部绿地退让，与城市人行道景观相结合，粉墙、黛瓦、漏窗相结合的通透式围墙设计，使公园内外景色相互渗透。

连接岛屿的拱桥

合肥市瑶海公园改建设计
Renovation design of Yaohai Park, Hefei

瑶池滨水滩涂

合肥市瑶海公园改建设计
Renovation design of Yaohai Park, Hefei

园路串联趣味空间

扩建园内主干道，增设二、三级园路，完善道路等级；梳理局部环境，结合道路、驳岸增设入口广场、游览广场等，完善功能分区；加强公益性的休闲功能建设，增加疏林草坪、垂钓平台、林下休闲广场等活动场所，丰富空间环境。

形式各异的园路

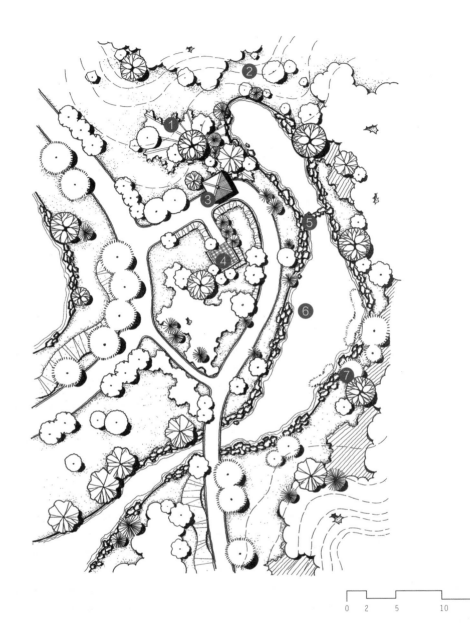

① 植物组团

② 草坡

③ 景亭

④ 嘹望台

⑤ 叠石

⑥ 溪流

⑦ 观景树

0　2　　5　　　10　　　15 m

局部平面图

端头景亭

水岸三角亭

设施体现人性关怀

1. 园林建筑物

　　为满足游人及居民需求，改建规划中的瑶海公园在塑造园林景致的同时，须注入一些适合在园内开展的民俗生活的内容，如茶饮、选购字画、展示、休闲游憩、聚谈等。特别在春节、中秋等传统节日，园内工作人员多结合茶艺、插花、盆景等主题开展游园活动，这些活动需要一定的园林建筑去配合使用。园内保留建筑——文心阁、观海楼，在公园改建时修缮恢复其原有建筑风格，扩充建筑服务内涵，新增书画展、集邮、书吧、陶吧等文化活动内容。

2. 公共服务设施

　　为满足游客驻足观景的需求，规划设计中沿环湖道路、林下草坪等景观优美处设休息座椅，每组间距约20 m，风格形式多样；在出入口、广场、游船码头等人流集中处，结合建筑小品设置电话亭，既能满足了使用功能的需要，又成为园中独特的点景；在入口及主要道路交会处设指示牌，并根据公园服务半径在公园西面、东北角、东南面设公共厕所，完善公园配套服务设施。

沿环湖道路设置的休闲环境

绿植彰显和谐生态

　　以"生态"为切入点展开，遵循统一、调和、均衡和韵律的原则，在充分利用原有可保留树种的基础上，根据植物的形体、线条、色彩、质地进行植物配置设计。运用生物多样性及景观多样性的原则，遵循适地适树的原则，以乡土树种为主，以速生树种与慢生树种相结合的原则，根据全园各景区景观特点植物进行规划、调整。

　　乔木、灌木、地被、水生植物的种植，都是成片、成带布置。植物群落的配置形式，以模仿自然生长状态进行布置。在草坪上、山坡上、山坡角种植孤立树，展示植物的个体美，形成植物景观。同时配以大量的地被和水生植物，形成特有的自然景观。通过乔木、灌木、地被、草坪、水生植物来体现多层次搭配，植物群落相接、相嵌、相依、相助，林冠起伏，林缘多变，疏密有致。

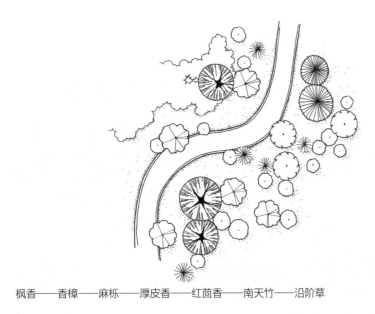

枫香——香樟——麻栎——厚皮香——红茴香——南天竹——沿阶草

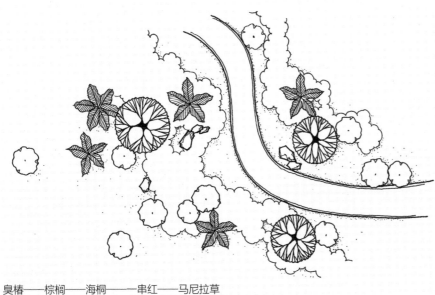

臭椿——棕榈——海桐——串红——马尼拉草

植物配置图

改造提升多重效益

　　瑶海公园被改造后，内部环境和设施得到极大的改观，使瑶海公园变得更加优美，不仅给周边广大的居民提供了一个娱乐、休闲的好去处，也使得新站北区的整体环境得到了极大的改善，提升了整个新站北区的环境品质；同时瑶海公园将和生态公园共同形成新站区的绿色通廊，使整个新站区的投资环境也得到极大的提升，因此对瑶海公园的改造一定会取得良好的社会效益、环境效益和经济效益。

层次丰富的水岸植物景观

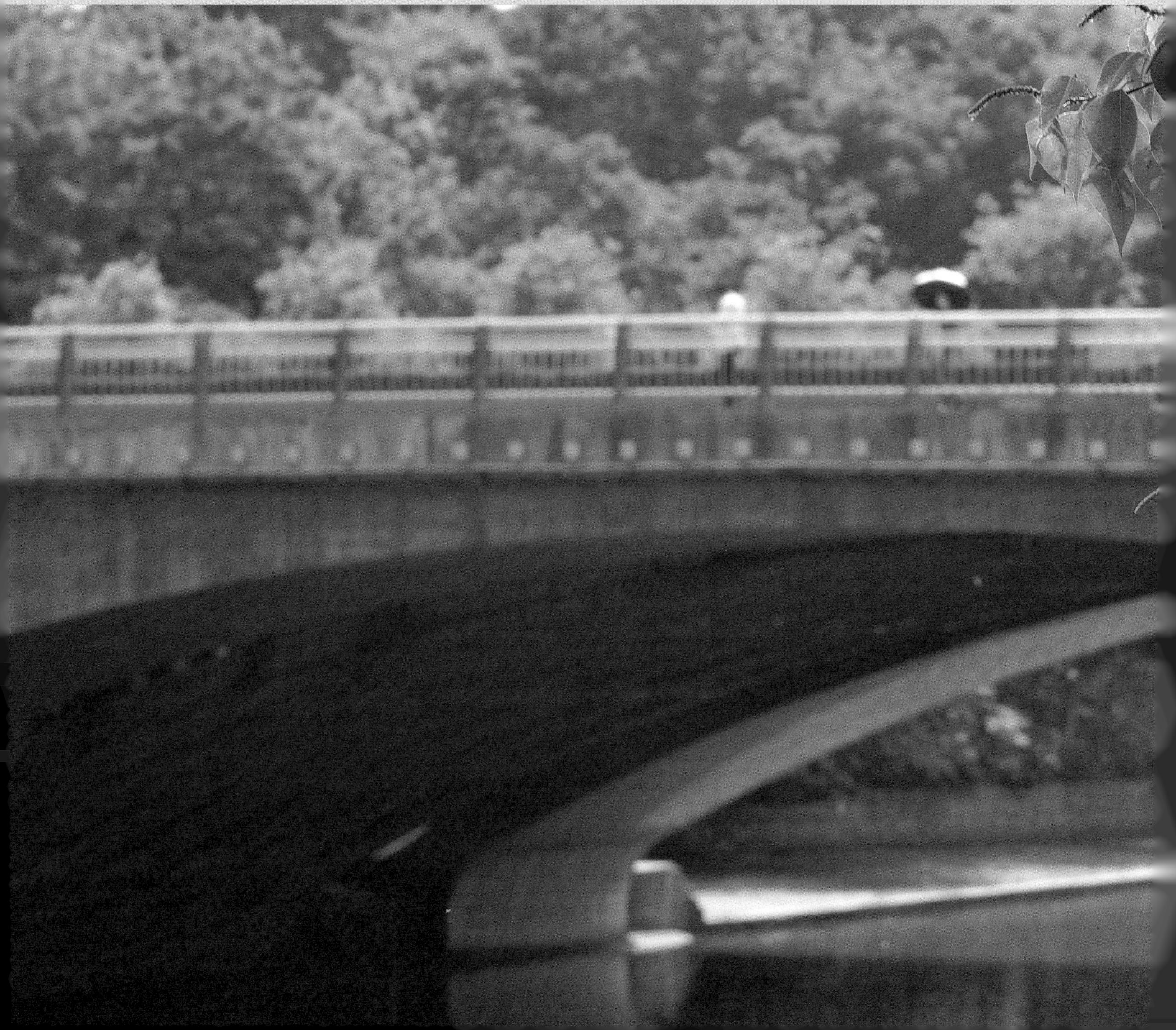

合肥市南淝河园林绿化设计

Landscape design of Nanfei River, Hefei

项目地点	合肥市
项目规模	5.70 hm²
设计时间	1997 年

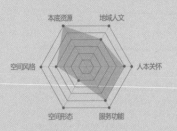

有机生成设计要素影响权重分析图

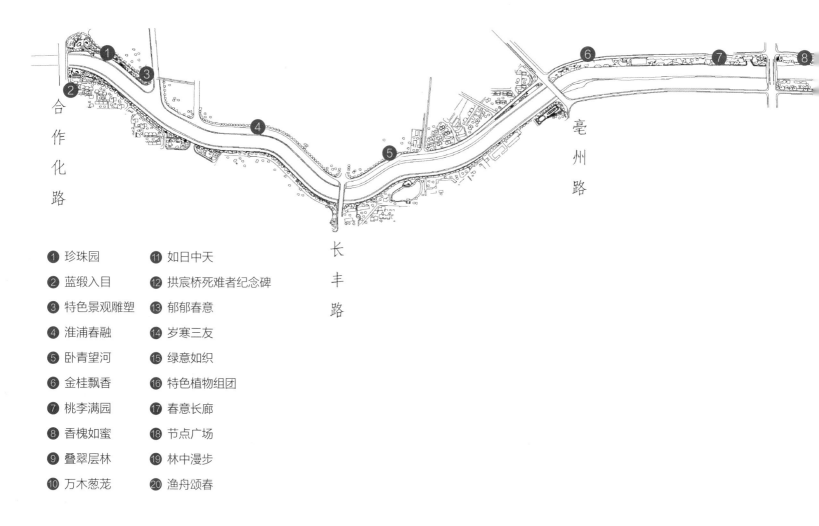

① 珍珠园   ⑪ 如日中天

② 蓝缎入目   ⑫ 拱宸桥死难者纪念碑

③ 特色景观雕塑   ⑬ 郁郁春意

④ 淮浦春融   ⑭ 岁寒三友

⑤ 卧青望河   ⑮ 绿意如织

⑥ 金桂飘香   ⑯ 特色植物组团

⑦ 桃李满园   ⑰ 春意长廊

⑧ 香槐如蜜   ⑱ 节点广场

⑨ 叠翠层林   ⑲ 林中漫步

⑩ 万木葱茏   ⑳ 渔舟颂春

　　"景观设计之父"费雷德里克·劳·奥姆斯特德提出城市园林化思想之后，城市景观规划设计的生态型特征愈发明显，其中包括河流景观的设计。如今关于城市河流景观的分析研究很多，但多为概念设计层面，而对施工完成多年以后的现状场地对之前方案设计的反馈操作环节的相关解读研究较少。本文以合肥市南淝河为例，从场地的认知观出发，阐述了南淝河景观设计的有机生成过程，分析了其历史人文以及植物水系等基底的丰富融合，希望为今后城市河流景观设计提供参考借鉴。

　　南淝河位于安徽省合肥市，占地 5.70 hm²，是长江流域的重要组成部分。它自西向东穿城而过，经合肥市区左纳四里河、板桥河来水，于施口注入巢湖，为横贯合肥市区的主要河流。南淝河园林绿化景观（合作化路桥—屯溪路桥段）由时任安徽农业大学风景园林系张浪教授设计团队完成，他们根据各段河流所处城市区域与功能的不同，分别进行了各具特色的城市景观设计。经综合治理后，滨河两岸绿化丰富，树木配置与布局形式合理，且深色与浅色树种有机配置，色彩稳重又不失多样性，体现了生机勃勃的生态园林景观；通过设计抬高了水位，拓宽了水面，增加了人与水的亲近度，营建了风景优美，既具山野清旷之感，又有田园休闲之趣的景观。

注：本文发表于《园林》2018 年第 9 期，题名为《合肥南淝河景观设计解读》。

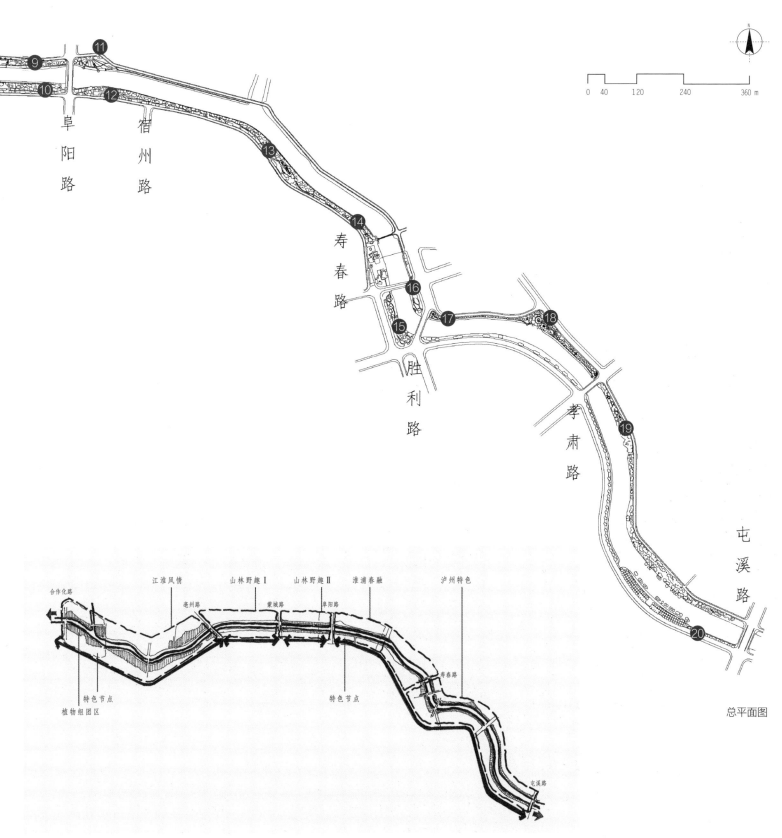

总平面图

主题分区图

合肥市南淝河园林绿化设计
Landscape design of Nanfei River, Hefei

沿河景观

1　入口阶梯　　5　休憩园亭　　9　放射状广场　　13　广场轴线

2　特色水景　　6　入园小径　　10　休憩空间　　14　中心景观亭

3　珍珠园　　　7　滨水广场　　11　主题雕塑　　15　林下广场

4　植物飘带　　8　花街铺地　　12　广场入口　　16　密林隔离带

0 5 10   20   40 m

B 段扩初图

故乡春水，今夕画面

　　南淝河宛如一位优雅女子，"S"形曼妙身躯的曲折婉转。河岸斜坡生满青草，春夏期间开满各色鲜花。入秋时分，清风拂过时，便是一片白茫茫的模样。河水一年四季清凌凌的样子，倒映着蓝天白云，倒映着晨曦的霞光与夜晚的星光。清晨，岸柳在阳光中苏醒，河岸一片万物复苏的模样；夕阳的余晖里，弧形的河岸线上，一切景物形成剪影的模样；夜晚时分，月上柳梢，河两岸悠扬的笛声与二胡声，遥相呼应，伴着流水在这座古老的城市中传得很远很远……

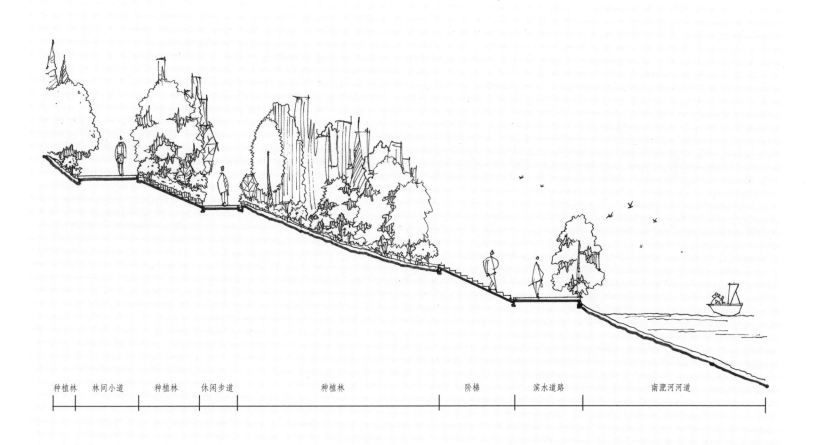

| 种植林 | 林间小道 | 种植林 | 休闲步道 | 种植林 | 阶梯 | 滨水道路 | 南淝河河道 |

剖面图1

合肥市南淝河园林绿化设计
Landscape design of Nanfei River, Hefei

沿河植物景观

翻开古卷，穿越千年
历史长河的神秘渊源

　　南淝河景观宛如一幅"历史古卷"，一草一木、一桥一廊勾勒出的任意一笔一画，都将合肥城的独特历史风貌体现得淋漓尽致。这具有合肥特色的滨河风景带，将你带入那悠悠的故乡长河中，去寻觅曾经，追忆往事。

　　据北魏郦道元著作《水经注》中记载，南淝河发源于合肥西乡江淮分水岭的将军岭一带，经市区注入巢湖。南淝河与东淝河孕育了合肥与寿春两座历史名城，合肥便是得名于两条河流相交于此。

　　南淝河作为合肥人民的"母亲河"，见证了合肥这座千年古城从"淝滨小城"到"大湖名城"的沧桑巨变。"蜀山淝水"就是合肥的"形象代表"，老百姓世代择水而居，淘米洗菜，饮水灌溉。古往今来，南淝河使合肥尽得舟楫之利，多少货物贸易源于此，多少家乡有为青年走向世界也源于此。

　　今人将合肥位于环城河上的桐城路桥命名为"赤阑桥"，但追溯起来，赤阑桥与南淝河却有着紧密的关系。据史料记载，唐德宗贞元年间，庐州刺史路应求将土城改为砖城，合肥城改称为"金斗城"，南淝河称为"金斗河"，是古护城河中的一部分。到南宋孝宗乾道五年（1169年），为防御金兵进犯，淮西帅郭振将唐代合肥城的护城河变成横贯城东西的一条内河。到明武宗正德七年（1512年），起义军南下进攻庐州，"议者以金斗河东西贯城，虑水关难守。乃闭水关，筑堤以障之"（清《读史方舆纪要》卷二十六南直八）。从此，金斗河改道城北，成今日模样。城内故道干涸成为一条横贯东西的街道，这就是今日市内最繁华的一条主街"长江路"的前身。当年的赤阑桥在两宋时代是跨越在南淝河上的，而非今日之环城河。

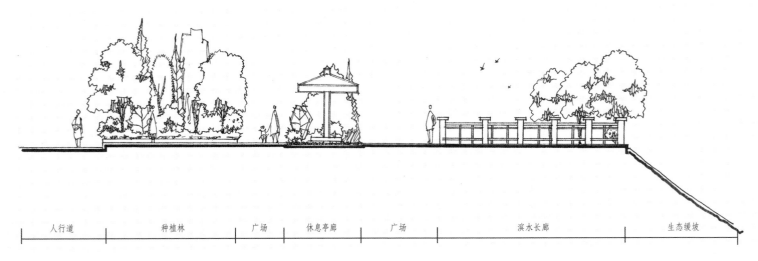

| 人行道 | 种植林 | 广场 | 休息亭廊 | 广场 | 滨水长廊 | 生态缓坡 |

剖面图2

主题雕塑 1

主题雕塑 2

植物配置组图

南淝河之气——"春"之主题，生机盎然

南淝河之"气"为春季的生气，是滨水景观之活泼而有灵气的一种表现，主要依靠植物围绕水体展开有机配置并与水体交相呼应而得以体现。南淝河景观对于四季如春、生机盎然之感的烘托，不仅体现在设计注重景物的形和神，亦体现在设计营造深远的意境。"花红树绿"四个字可以很好地体现南淝河春季时色彩斑斓之生机和活泼的气质。

以"绿"为基底：景观带中每个景区的景观营造都围绕着一个"春"字，香樟、雪松、刺槐等多种常绿树种之间的搭配紧密结合滨河沿岸的特色，古树参天的画面充分反映了春天融融的绿色。自然式大色块、大构图与局部归整式的配置方式相结合，串联场地内间隙用地，使树成林、灌成丛和草坪相融合，一碧千里，绿草如茵，形成复层植物景观，充分发挥该绿化景观对城市环境的生态效应，充分体现"春"之主题的生气。

以"红"为点缀：春暖花开之时，河岸的桃树、月季等尽显一片浓浓红色风情，为大片绿色植物营造的春天气氛增添色彩与跳跃感。一些景观节点作为主要观赏的场所，根据不同位置的环境配置不同的花境以吸引游人的眼球，如路边花境、林下花境、草坪花境等，既体现了景观的地域特色，又给游人带来第一印象。

南淝河之韵——保留悠悠合肥古城韵味

　　南淝河之"韵"犹如绿色古卷悠然摊开时，流淌在这长河中的历史韵味跃然纸上。南淝河对于古城韵味的保留与营造体现在景观的设计上将悠远的历史与现代相结合，在保留原有古旧的小桥、台阶和石板路等的基础上进行景观设计；在城市规划时如高架轻轨、高楼小巷都有意地避开南淝河，这都是希望保留那些支撑起繁华都市的一直存在的古城底蕴。通过小道、特色节点、标志物等的设计共同塑造一处独一无二的，被合肥城居民感知有"熟悉感"的景观空间。

　　南淝河景观中的特色节点多为开放空间，不仅利于人流集散，而且在加入绿化和特色活动场所后成为一个更加包容合肥文化与人民生活的空间，更加体现了南淝河的地域性特点。南淝河以自身悠长的河水为"画纸"，将富有合肥文化的各个景观有机联结起来，将景观从无序态转变成有序态，并用一种起伏跌宕、有收有放的节奏与韵律加以贯穿，勾勒成一幅蕴含春花、夏绿、秋叶、冬枝及富有诗情画意和具有合肥韵味的"绿色古卷"。

南淝河之思——构思新奇，让人抚今追昔

南淝河之"思"体现在新奇的主题构思上，从而塑造充满人情味的景观意境，匠心独运使得意境自然开拓，让人行走其间，思绪万千，抚今追昔。

在南淝河某重要特色节点，增加人文景观，建一广场取名珍珠园。以珍珠为主题，象征合肥这座古城犹如珍珠一般，是由南淝河经过数百年孕育出的宝物，拥有独一无二的特点和特定的文化内涵，同时包揽着合肥的万千人文，带人们领略如珍珠般宝贵的历史之美。珍珠园两侧利用地势高差结合地形设计的叠状绿地和跌落水幕，以及一条流动的亲水带，使得横向狭长的地形空间在纵向上有一迂回曲折的过渡带，使得意境灵动绮丽，滋生了独有的恬静安宁、温婉雅致的意境，弥漫着一股江南女子柔美的灵气，宛如南淝河这条母亲河孕育这座古老城市的淳朴之意，更加点亮珍珠园的构思寓意。

除了珍珠园，还有卧青望河、渔舟颂春等不少特色节点，独特的设计构思皆值得人们用心去思考其中的意境与文化内涵。

南淝河之景——景色各异，千姿百态

南淝河之"景"的旖旎之处在于江淮风情、山林野趣、淮浦春融、庐州春色等千姿百态的情景营造，源于自然却又高于自然的境界，让人沉醉其中。

山林野趣：两岸成片种植的高大乔木，透露出浓浓的山林野趣之感。色彩斑斓的秋季树林，高大的三角枫、枫香、无患子等落叶树种穿插其中，林下穿插种植桃、海棠和梅花等小乔木，应用连、断等手法增加空间的虚实、节奏变化，犹如自然山林般多样与无序。或小桥流水，清秀无比；或苍老大树，苍劲古朴。田园风光，山林野趣，自成一派，游人走在沿河蜿蜒小路，可感受到大自然山水的气息。

庐州春色：茂密的树林，泥土夹杂着清新的气味，浅绿的草叶、灌木丛在脚下安静地蔓延，如河道里的水般无声却有生机。河岸处间植的桃树和垂柳以及稀有园林树种丝棉木、绛桃，不仅提高了绿化带的可观赏性，而且使人可以领略滨河的春色。大片垂柳之间露出的朵朵桃花，这动人的情境好似诗人叶绍翁在《游园不值》中所描述的"春色满园关不住，一枝红杏出墙来"那般生机蓬勃，彰显南淝河景观关锁不住的春季生命力。

乡土花灌木的应用

南淝河之笔——设计手法丰富，步移景异

南淝河景观设计"用笔"之妙在于虽依法则，但善于变通，如飞如动，如同中国画用笔的变化与灵动。

对景与障景：设计强调每个景观空间的个性和每个"视点"所看到景致的不同，因而保留原有长势旺盛的树木，并在场地中起到障景和对景的作用。这样一来，时而舒缓时而紧密、时而开朗时而幽闭的空间，使得景观流线充满弹性与节奏感。空间与景致的多样变化给观者带来了丰富的观景体验，即便在咫尺之间，也丝毫无枯燥单调之感。步移景异，游人时刻都能观赏到生机盎然的景观，此则为设计"用笔"之妙处。

渗透与延伸：南淝河景观中各景点之间并无显而易见的分隔界限，而是渐而变之。如采用草坪、铺地进行场地的衔接等，让人在不知不觉中产生景物已发生变化的感觉，在心理上不会有戛然而止的突然感，营建了优良的空间体验。沿河岸成片种植木芙蓉与迎春，利用迎春枝条下垂渲染自然之感，延伸了人与水、水与植物的连续关系，充分绿化沿河地带。

设施组图

南淝河之墨——点景小品，绝妙传神

南淝河之"墨"者，即为设计时挥洒的点景之墨。正如中国画中用墨讲究高低晕淡，晕染出景物的高低浓淡与深浅变化。

景观小品无疑是景观中的点睛之笔，南淝河景观中的点景小品十分强调自然之感，尽量去除人为的斧凿之痕。它们本身不仅作为被观赏的景物与被使用的设施，而且对于点缀和烘托文化气氛、增添场所的精神内涵和历史风格起到至关重要的作用。

古朴的路灯、做旧的花卉池、复古的栏杆等各色小品设计均十分注重恢复合肥古城的城市特色。多处景观结合花盆、景墙等元素，丰富空间的变化，提高空间深度值；雕塑、亭廊、桥梁也不在少数，藏在浓密的树林中，或舒或密地出现在路边，有利于游人获得不同的游览体验效果，为景观带增添了一份精致与乐趣。最值得赞叹的是天然景观奇石，它们所形成的奇异形态，让人不由地感叹大自然的魅力，它们不经意间地出现在植物组团或者草坪中，吸引游客驻足。

南淝河景观设计的成功之处不仅在于其延续了历史感，重塑了"故乡春水"的美好形象，使得经历了岁月冲刷的合肥母亲河依然焕发着欣欣向荣的发展景象，更在于在景观设计中挥洒的一笔一画都反映了设计团队的人本情怀，十分值得给更多的园林设计工作者学习与借鉴，更能给现代城市河流景观设计实践提供一些经验。

景观小品

合肥市政务文化新区·创业园规划设计

Landscape planning & design of New Municipal and Cultural District
Pioneer Park, Hefei

项目地点 合肥市
项目规模 6.67 hm²
设计时间 2000 年

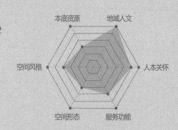

有机生成设计要素影响权重分析图

夹在居住区间的绿色空间

当绿色发展成为共识，要实现绿色创新发展，提倡城市新型生态空间，打造全覆盖绿色创新空间场地，以新概念、新技术作为实现手段，达到可持续发展的绿色城市要求。创业园以独特的主题文化打造出绿色有机空间，并引入自然山水环境特征参与到景观空间组织中去，成为创业园景观环境组织的重要脉络。

用创新打造绿色空间，将现代城市中的工程技术与自然生态因素结合起来，是当代城市景观塑造中的重要方法，是一种建立在生态学基础上综合统筹的建设方式，为分析城市空间环境提供一种新思路，同时也拓展了城市景观理论应用的领域。

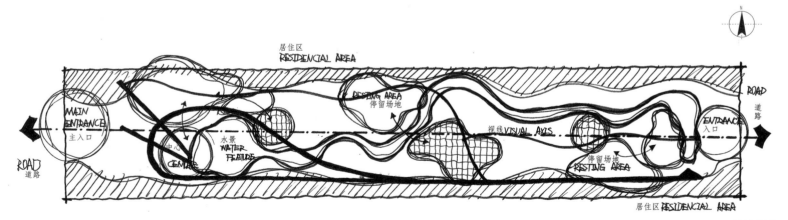

设计草图

注：本文发表于《园林》2018年第10期，题名为《用绿色创新发展打造城市生态空间——对政务文化新区·创业园的解读》。

项目概况

　　政务文化新区·创业园位于安徽省合肥市政务文化新区内，由张浪教授设计团队于2004年设计完成，处于新区的东北角，占地6.67 hm²。基地西临东至路，跨过东至路即为绿怡居小区，北靠丹青花园、南依铁四局小区、东临新建创业路；往北穿过丹青花园即为城市主干道怀宁路，往南穿过铁四局小区即为城市主干道南二环路；与合肥市中心区联系非常方便，交通便利。整个地块为长方形，地势北高南低，西高东低。合肥市属于北亚热带季风气候区，四季分明，常年以东南风及西北风为主导风向，西北角至东中部有一斜线形的冲沟，致使东北部地势较高，其中北中部局部地势最高，因此，地块的雨水由北向南排走。

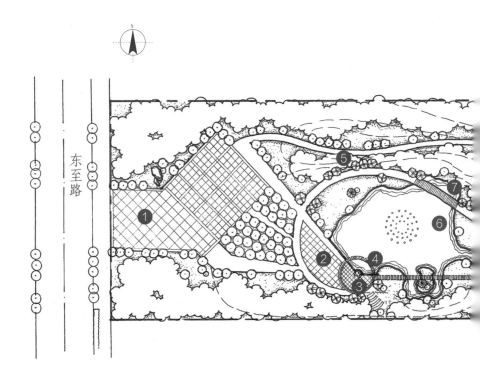

① 耕牛开道　⑤ 院士纪念林　⑪ 勤干泉　⑬ 花溪叠瀑　⑰ 得真亭
② 嵌草广场　⑥ 挥汗泉　　　⑫ 创业林　⑭ 思民泉　　⑱ 养德泉
③ 创业之歌　⑦ 珍珠泉　　　⑨ 怡然亭　⑮ 晓月桥　　⑲ 一两级
④ 犁铧喷泉　⑧ 凭栏观波　　⑩ 拾玉滩　⑯ 勇拓廊　　⑳ 踏清涟

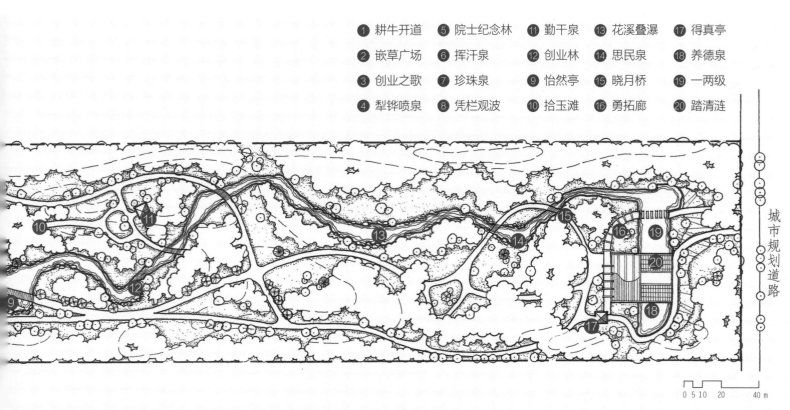

总平面图

公园全景航拍鸟瞰

借鉴山水历史，铸就"创业园"形象

　　自古以来华夏民族就崇尚山水文化，热衷于观察、研究大自然的生态环境。古老中国处于亚洲东方，东南面濒临浩渺无际的太平洋，西北区地貌复杂，纵观整个地理环境，可知祖先就是生活在这河川纵横交错、群山重峦叠嶂之间。依赖自然的给予，在漫长的进化历史中，人们与自然休戚与共，逐渐创造出丰富的物质财富，积累了与山水相关的精神财富。由于长期生活在山水环境之间，人们对于山水的认知也越来越深刻，因此，自然山水激发出的思维方式、创造灵感、理想建构，使中国人具有独特的精神气质风貌、思维观念和价值观念，也让人们形成一定的心理价值取向，如"天人合一""仁者乐山，智者乐水"等价值理念，以及产生了许多有关山水的诗词名画、风水著作等。在中国人的心目中，博大精深的山水文化已根深蒂固。

　　管子视水为"万物之本源"，人的生存离不开水，人有与生俱来的亲水性，喜欢傍水而居，"沐水而歌"。老子说："上善若水，水善利万物而不争，处众人之所恶，故几于道。"将山水文化融入创业园的景观设计中，提炼设计概念及空间处理方式，同时使之符合现代功能性空间设计要求。创业园的景观规划以清澈蜿蜒的溪流为视线廊道，以广阔的湿地水面景观为核心，以人为本，突出人的亲水性，规划丰富多彩的水景景观，供游人观赏和参与娱乐、运动、休闲，打造一个风景式的以自然山水为骨架的绿色空间和活动场地，供居民观赏、戏水、休闲、运动等，为市民及游客提供一处休憩、运动的好去处。

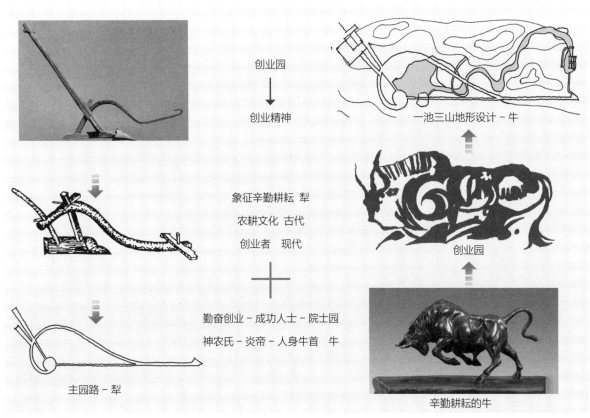

创业园
↓
创业精神

一池三山地形设计－牛

象征辛勤耕耘 犁
农耕文化 古代
创业者 现代
＋
勤奋创业－成功人士－院士园
神农氏－炎帝－人身牛首 牛

创业园

主园路－犁

辛勤耕耘的牛

创业园构思分析图

在呼吁可持续发展和追求民族性、地方性的设计浪潮中，合肥市政务文化新区创业园的景观规划设计以回归自然、建立生态资源为总体思路，充分考虑设计背景、城市结构、城市景观、保护生态等因素，兼顾环境、社会、经济三效益相统一的原则，结合合肥市地域的文化背景和自然资源，以建设生态园林为切入点，强调人与自然的和谐性，充分挖掘人文资源与自然资源，将合肥市创业园建设成为展示当代人奋发向上的创业精神、具有良好的区位服务功能、体现时代风貌的全生态公园。

创业园以自然布局为主，以"创业"为主题，以"老黄牛精神"为主导。"老黄牛创业精神"是对国家、安徽省及政务文化新区的开发建设有卓越贡献的精神写照，展现"创业精神"，突现"创业"主题。为此，整个设计的构图抽象为一头正在辛勤耕耘的耕牛，园路、桥梁、广场象征淮河流域农用的"犁"，隐喻创业者正在安徽广袤无垠的丘陵坡地上耕耘。创业园展现了农耕文化，整体设计将这种文化符号与景观平面、空间结合起来，构成极具特色的、趣味性的艺术空间。

在如今倡导生态保护与修复的理念下，生态文明成为发展趋势，将自然性延伸到生态性，创业园打造的生态性公园是以不破坏生态为前提，更为准确来说，保持生态平衡是在园林景观中使用艺术手法与工程改造的准则，正确处理好创业园人文与自然关系也是核心理念，这种设计理念具有前瞻性。

点题的景观雕塑

三轴互动，交相辉映

以"犁"轴、"生态"轴、"水"轴三条轴线把园内的景点在视觉上统一起来，同时每条轴线都极具特色。

"犁"轴是全园的主要园林通道和景观轴线，起点为公园东南角的次入口，端点是"嵌草广场"，形态似"犁形"的园路贯穿在园林之中，迂回穿过密林、疏林草地、溪流、木拱桥、大草坪等景点，到达以大圆弧围合成的下沉式广场——"嵌草广场"。广场水池中布置了一组雾状喷泉，泉水边设有一座"耕牛"雕塑，构成全园的视觉焦点。

"生态"轴暗藏在公园东北角至中心广场雕塑的区域，以春花艳丽的各种海棠为主景，配以线形规整的蜀桧地被，形成一条线形自然的生态轴线。海棠以直线向溪流的坡地蔓延，间或点缀，海棠林下配以成片的杜鹃、火棘、金钟花等植被，打造一条色彩斑斓的坡地植被景观。

"水"轴是全园景观最为丰富的一条轴线，与"生态"轴布置方向相近。轴线以东北角的次入口为端点，布置了次入口广场，平桥与直喷喷泉组成池水、桥面相互交错的独特景观，使桥与水紧密相依，溪水连绵不断，并将卵石广场、木平台、花架、亭子、管理用房等组成一组功能与景观并重的景区。一条纽带似的潺潺流动的小溪，串起了涌泉、珍珠泉、喊泉、雾泉、跌水、卵石滩等各式各样的水景。

三条轴线相互交织，又汇聚一点——中心广场。人们从这些空间中可以感受到意境之美，这种意境是对山水文化蕴意的深度提炼、展现及延伸。

广场景廊

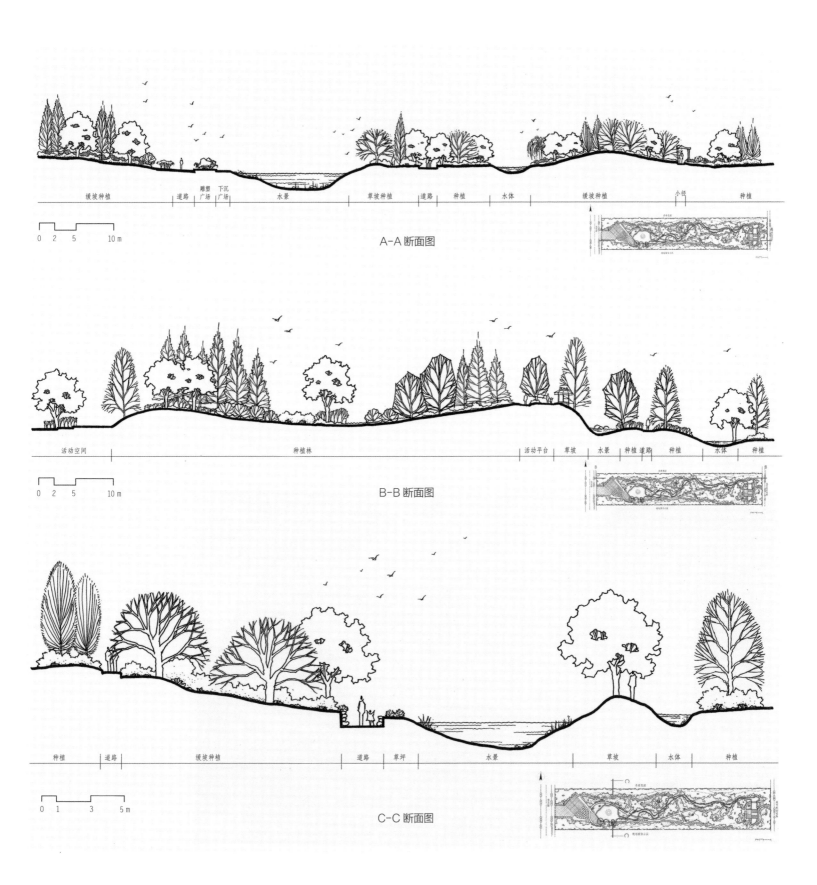

A-A 断面图

0 2 5 10 m

缓坡种植　道路　雕塑广场　下沉广场　水景　草坡种植　道路　种植　水体　缓坡种植　小径　种植

B-B 断面图

0 2 5 10 m

活动空间　种植林　活动平台　草坡　水景　种植　道路　种植　水体　种植

C-C 断面图

0 1 3 5 m

种植　道路　缓坡种植　道路　草坪　水景　草坡　水体　种植

空间分明，层次丰富

　　纵观整个园林景观，地势形态是骨架，是影响总体规划的重要因素，它支撑着地面的总体形象和景观的空间变化，若地形处理得当，则会大大丰富造园要素，增强景观层次感和空间感，从而达到加强园林艺术性和改善生态环境的目的，使园林景观更加优美，空间更加有趣。创业园内整体地势大致平缓，其中北中部局部地势最高，高出周围 1.5~2 m，加之一条斜线形的冲沟处于西北角至东中部区域，致使东北部地势较高。在规划时对其进行重新整理改造。考虑公园的自然地形、地势地貌，就地取材，以体现本土风貌和地表特征；挖池堆山，布局"一池三山"的地形骨架，如水池、岗埠、缓坡、溪流、水潭等，营造一处山水相依、互为补充的格局，亦彰显了"创业精神"，营造可生活、可娱乐的"山水"空间。溪流两侧缓坡铺装卵石，散置不同造型的自然块石、石蛋，形成跌水、瀑布、水生植物种植池、卵石滩等景观；与水池水岸相接处，砌筑毛石护坡或微坡，点缀卵石和各色水生植物，营造自然野趣的溪流景观。

　　景观功能布局结合规划地形地貌，以自然取胜，呈现或开敞或紧凑的风格，岗埠隽秀、池水荡漾、溪水曲折、园路顺畅、树木葱郁、花草遍地，游人在此间漫步，可体会意趣盎然的自然风光，倍感轻松惬意。

　　园区规划了西北主入口区、珍稀名木园、丹桂飘香、生态湿地(中心广场区)、硕果园、金秋岁月、锦绣花谷、庐阳椿楝、东北主入口区等九个景观功能分区。在次入口与中心广场的雕塑之间，设有一条隐约可见的步石园路，此处是全园视域最窄的视线廊道，它与"犁形"视线廊道、"溪流"视线廊道形成三条相互交织的视线廊道。游人在游览中无论从何处眺望，均可看到自然的植物景观与人工造景的完美结合。溪水两侧的绿地，把园内的各个景区、景点在视觉上统一起来，为游人提供了广阔的休闲场所，让游人时刻感受处于大自然的怀抱之中，同时也提升了公共空间活力。

溪流汀步

汀步桥

怡人的滨水空间

入口广场鸟瞰

极具质感的绿色有机空间

英国园林设计师常在植物景观设计中表示"没有量就没有美"，这也正是本项目中所要表现的思想。园区内植物以具有繁花、色叶、盛果、观叶等任意两个特征的植物为基调树种，如枇杷、海棠、银杏、柿树、广玉兰、桂花等，并在园内建立百果园，种植各色观果植物和果树，寓意创业成果，烘托创业的主题。植物配置方面以模仿自然生长状态为主，大草坪、山坡、山脚之处孤植大乔木，以展现植物独特的形态美，同时在其周围配置地被和水生植物，如石竹、书带草、玉簪、鸢尾、石菖蒲、燕子花、香蒲、紫菀、霞草等，形成自然野趣的景观；注重植物的季相变化，营建春天繁花似锦、夏天绿意盎然、秋天层尽染的景象。自然式种植搭配植物的高低错落以及空间形态上的起伏变化，整体中有变化，使其自然又有序，丰富多彩。

设计源于场地、源于地域文化，同时设计也是为场地周边人群服务的。创业园区创造了"黄牛精神"的空间文化的同时，让人们在四季之中感受温馨的绿色空间，春天百花盛开，繁花似锦；夏天绿树成荫，习习凉风，涓涓细流穿梭在具有梦幻状的喷泉与雾森之中，让空气也变得更加芳香与清新；金秋丹桂飘香，硕果累累，海棠、柿子、木瓜等观赏性的果实挂满枝头，让人们知秋、赏秋，更是沉浸在丰收的喜悦中，也体现了设计的主旨——体会创业带来的丰硕成果。

植物围合成不同空间感受的小径

溪流叠水掩映于绿树丛中

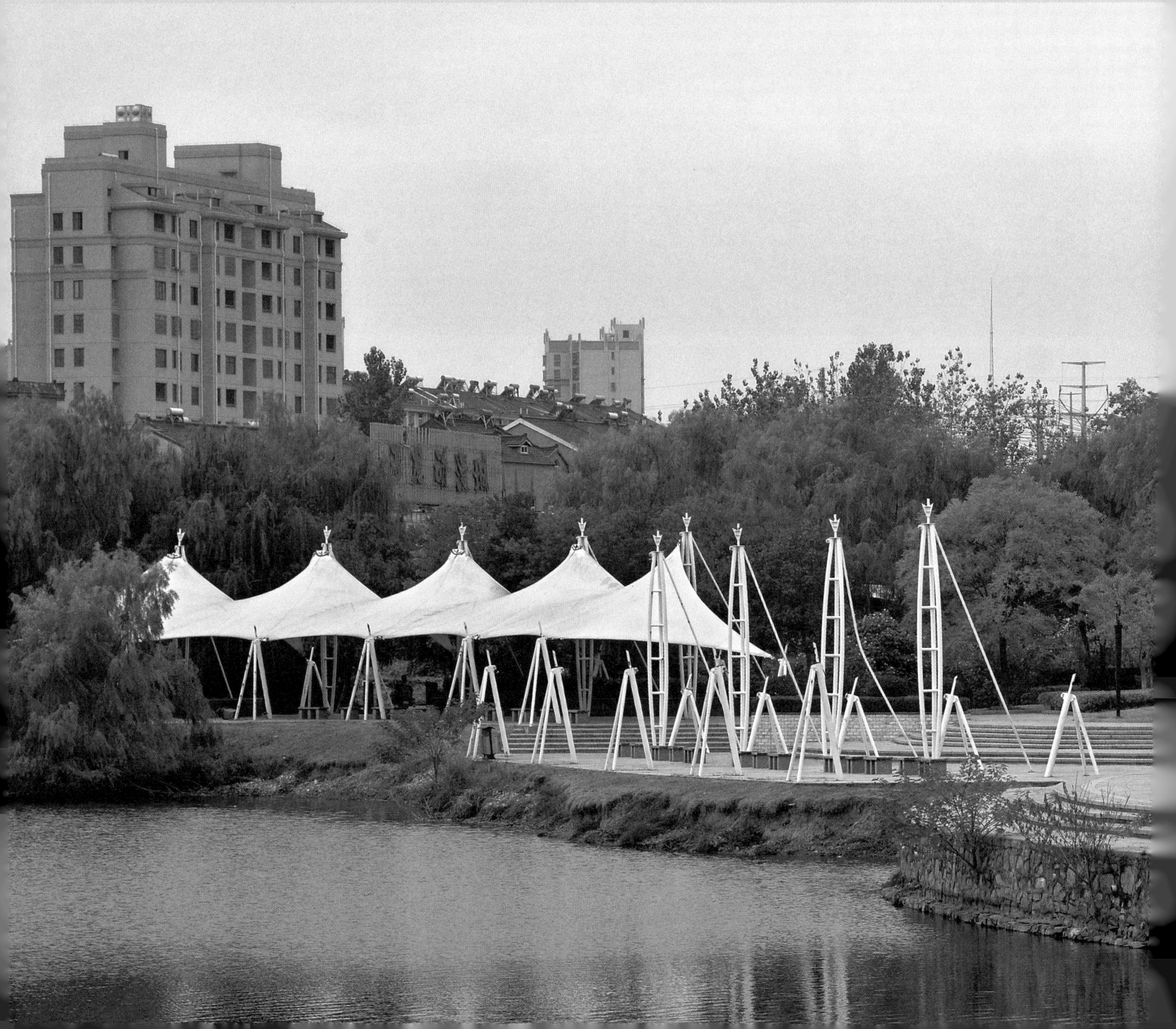

马鞍山市含山县含城公园规划设计
Landscape planning & design of Hancheng Park, Hanshan, Ma' anshan

项目地点　马鞍山市
项目规模　21.30 hm^2
设计时间　1993 年

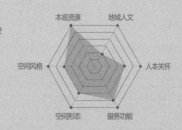

有机生成设计要素影响权重分析图

❶ 园林雕塑　　❽ 野芳岩秀　　⓯ 栖霞流香　　㉒ 褒山烟雨

❷ 水上餐厅　　❾ 表演场　　　⓰ 泉流石壁　　㉓ 三台夕照

❸ 电马房　　　❿ 花卉生产基地　⓱ 昭关残雪　　㉔ 四面荷风

❹ 儿童活动中心　⓫ 霁云凭城　　⓲ 波影瑶虹　　㉕ 竹影幽居

❺ 羽毛球场　　⓬ 慕鱼榭　　　⓳ 临风听月　　㉖ 远香榭

❻ 溜冰场　　　⓭ 霜叶丹枫　　⓴ 环碧茶屋　　㉗ 涌翠亭

❼ 盆景园　　　⓮ 野渡垂钓　　㉑ 枕流桥　　　㉘ 游船码头

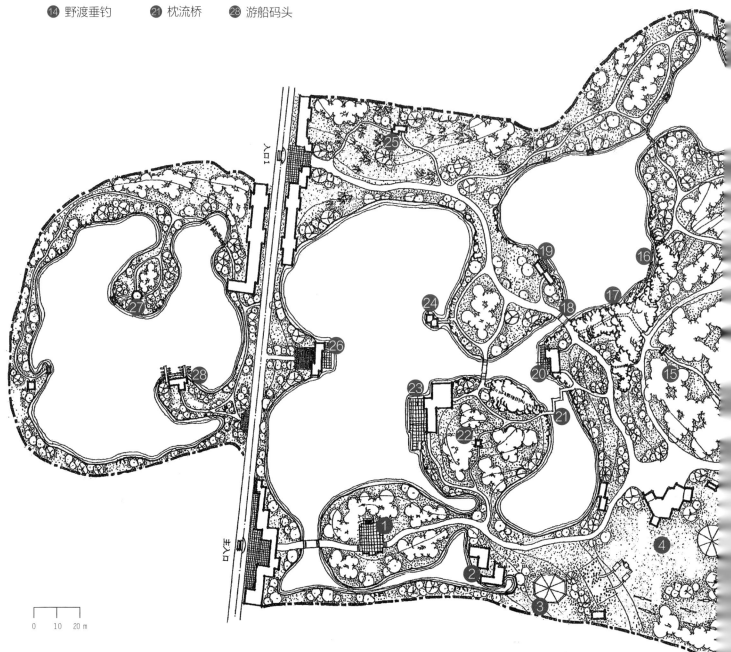

0　10　20 m

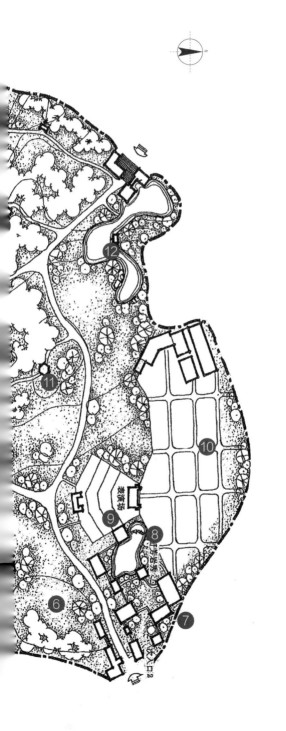

含城公园位于安徽省含山县西北部，毗邻老城区，人流集中。柘乌路从公园一侧通过，交通条件较好。含城公园地形地势稍有起伏，多为岗地，最大相对高差 10 m，原地形为一块大水面、两块农田和一片岗地组成，总面积 21.30 hm²，是具有休闲游乐和文化教育等功能的县级综合公园。

从自然山水中生长出的公园

公园规划布局依据自然地形，稍加改造，巧夺天工，形成湖岛，加强自然景观效果。功能分区明确、合理、突出重点。公园沿城市道路两侧后退，布置集散广场和入口，并将较为喧闹的儿童游戏区、水上活动区等布置于入口附近，而将较为安静的垂钓区、山水园区等布置在公园角隅及中部地域，主景区居中，借地形变化，烘托主景。

依托"昭关残雪""褒山烟雨"等古含城八大景，再造新景点形成含城十八景。景点分布除主景区相对集中外，其他各区景点均匀分布。

含城公园总体规划仿照中国自然山水园的风格，以静观与游赏自然人文景观为主题。公园水面大小交织，以聚为主，形成宽阔湖面与环绕的小溪，水中平岛，山岛并用，形成对比，景象丰富。

八景引导八个独具特色的功能分区

本规划设计根据公园用地原地形、周围环境及功能特点，着重在"含城八大景"的基础上，进行分区与组景。

1. 水上活动区——层次丰富

水上活动区位于含九路西南面，由西部一个小岛与东部的游船码头以及南部的涌翠亭组成，三个景点互相因借，以涌翠亭的地势稍高，可眺望开阔的水面，水面曲折，增加了活动区的层次。此区与主景区不在同一区域，可供游人短时间游戏之用。

2. 竹林区——文人雅趣

竹林区位于公园西北角与入口相连，以毛竹为基调树种，由南向北逐渐稀疏，创造了清静高雅的气氛，游人在此可吟诗作画，这是理想的休息场所，它与垂钓区由小径相连，与主景区遥遥相望。冬季更有文人逸士所欣赏的"孤寒"情趣。

3. 山水园区——尊重场地

山水园区位于公园中心地带，是全园的主景区。整个景区规划建设本着"因地制宜，因景制宜"的原则，尽可能减少土方工程量，降低造价，以满足功能与造景的需要。区内三岛之景互相独立，又相互联系。水面是主景区的主要构景要素，面积较大，为加强分隔，区内建有四座园桥，大小不等，类型不同，可通车、行人，也为园林增添了景色。例如枕流桥分隔的是小水面，所以体量较小，曲桥可加强空间联系，使水面有连续感，枕流桥采用平曲桥形式；而位于主入口的园桥为了能满足游船通过及排洪之需，选择拱桥形式。驳岸采用自然式驳岸，而在建筑和平台临水处采用规整式驳岸。为了达到移步换景的效果，本设计还根据水面大小、边岸的坡度、周围的景色特点，采用缓坡入水、石矶横卧、断崖散礁等多种驳岸处理形式。

水岸景观

4.儿童游戏区——诙谐童趣

儿童游戏区位于公园东中部，专供儿童游戏和受教育之用，设有双人飞天、宇宙飞船、快速滑车、沙坑、幼儿秋千、跷跷板、蜗牛爬树、滑道、高空脚踏车等大型和小型娱乐设施。夏季开放浅水池塘，可涉水、游泳、做水上游戏。整个游乐园不设固定出入口，开放管理。

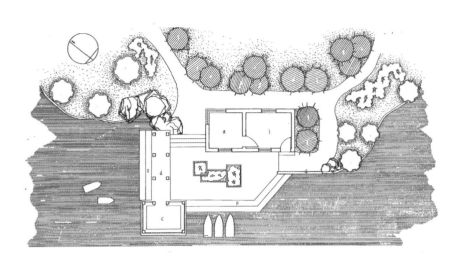

（南）码头平面图

台阶广场

5. 垂钓区——安静惬意

垂钓区位于公园西部，是一个较为安静的休息场所，区内以弯曲水面为中心，以汀步相通。在水岸线转折处设有若干钓鱼台，以供垂钓之用。垂钓区以一些高大荫浓的乔木为骨干树种，再适当配以花灌木。

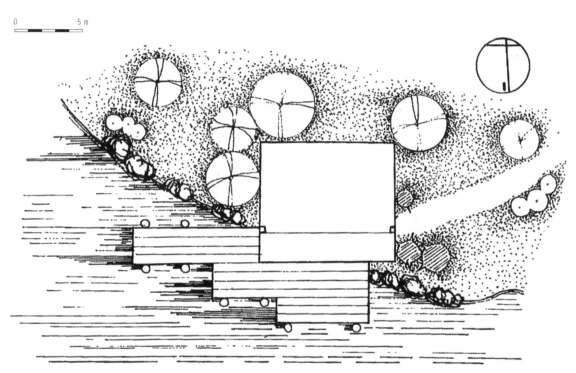

钓台平面图

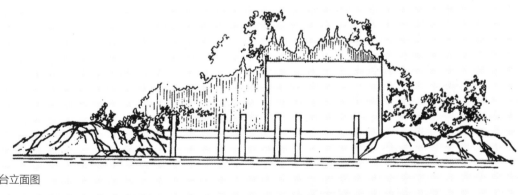

钓台立面图

钓台效果图

6. 疏林草地区——视野开阔

疏林草地区位于主景区北部，以乔木构成的树丛与裸露的草坪相结合，构成疏林草地，此区为全园的最高处，地形起伏较大，在最高点设有霁云凭城景点，游人可登而眺望全园之景色。

7. 文体活动区——强身健体

文体活动区位于公园东北角，与次入口相连，内设溜冰场、羽毛球场等体育设施。

8. 花卉盆景生产及展览区——五彩斑斓

花卉盆景生产及展览区位于全园最北端，功能上以生产和展览花卉盆景为主，是公园的园中之园。

垂钓区汀步

活动区体育设施

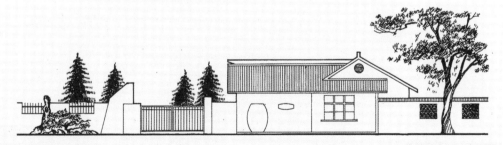

盆景园次入口立面图

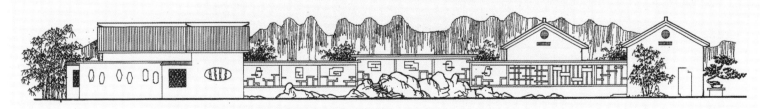

盆景园南立面图

地方形式建筑与山水融合

　　公园内服务性园林建筑相对集中地布置于入口附近，采用传统民居形式。园内园林建筑体量较小，分散布置，采用传统园林建筑形式，注意选址、造型、尺度、色彩与材料选择等，使之与自然之水相协调。为突出水景特色，建筑多临水而筑。建筑材料大量选用石料，形成地方特色，如不同石质、石色的石墙面、石柱、石栏等，不加修饰，朴素雅致，与周围环境十分和谐。为加强水面分隔，除仿"一池三山"的做法——筑三个大小形状各异的小岛以外，结合交通和造景需要，建有拱桥、平桥、汀步等。在树下、岸边、路旁、广场散置多处自然石桌、石凳等园林建筑小品。

孤植乔木与红色构筑物形成景观节点

岸边园林建筑

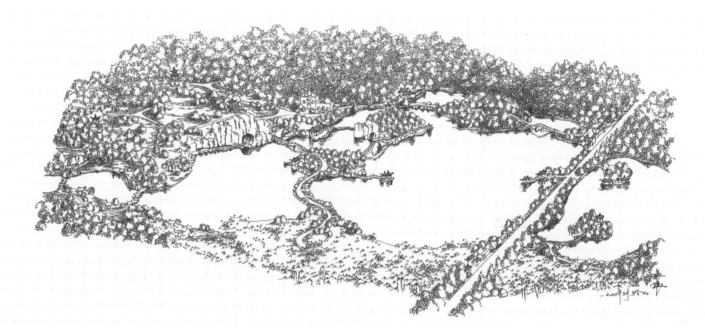

含城公园手绘鸟瞰图

石柱围合广场空间

安庆市怀宁县独秀公园规划设计

Landscape planning & design of Duxiu Park, Huaining, Anqing

项目地点	安庆市
项目规模	16.00 hm²
设计时间	1999 年

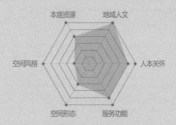

有机生成设计要素影响权重分析图

　　人文景观是人们在日常生活中为满足物质精神等方面的需求，将文化特质叠加在自然景观中而构成的景观。其内容和形式反映出人类文明进步的足迹，体现出人类行为活动与自然和谐相处的适应性。人文景观在城市公园规划中具有重要价值，它承担着城市的"文化容器"这一角色，记录着城市历史、文化的变迁，是城市文化建设的重要体现。

　　人文景观一般可分为四类：文物遗产、革命活动地、民俗文化、现代游憩活动空间。在风景园林有机生成设计方法研究的基础上，本文主要从景观资源开发、功能空间与游憩行为、景观空间形态三个角度具体分析人文景观的设计。

　　城市公园人文景观的设计核心在于协调自然本底资源的基础上，合理运用人文景观资源，创造具有一定功能的景观空间。其着重体现该城市的文化内涵、发展脉络和人文特色的元素。根据场地的自然景观资源，结合当地的历史文化资源以及社会发展需求，因地制宜。城市公园绿地人文景观的设计不仅要考虑可持续发展，还要保证场地功能的完整性。

　　独秀公园位于安徽省安庆市怀宁县高河镇，占地面积 16.00 hm²，由张浪教授设计团队于 2004 年设计完成。东面为高级住宅小区，南面是县政府所在地，西面是繁华的商业区及学校，北面为体育公园及县高中。公园位于新城区的中心地段，四周被干道围合，交通便利。无论从面积或地理位置上来看，独秀公园都是全县的中心公园。

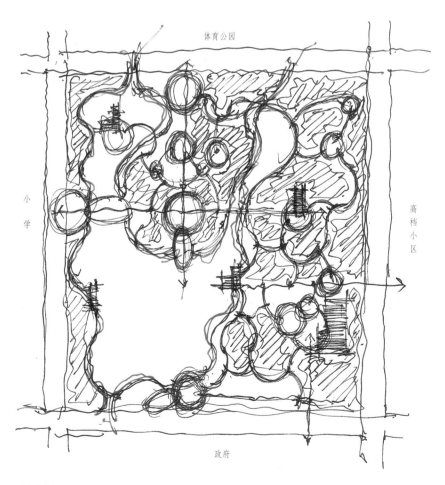

设计草图

注：本文发表于《园林》2019 年第 5 期，题名为《城市公园人文景观的设计方法探索——以怀宁独秀公园为例》。

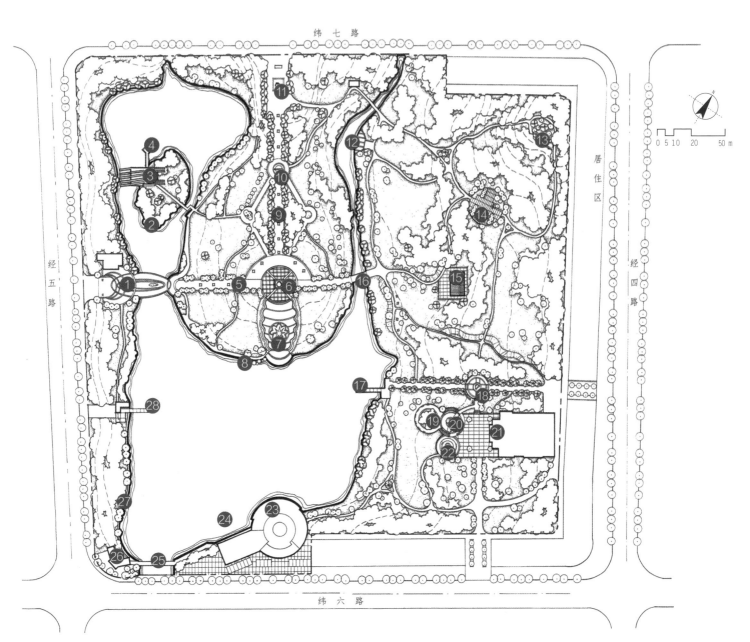

① 开天辟地	⑧ 湖光序曲	⑮ 珍忆馆	㉒ 凝霞秋色
② 碧山竹影	⑨ 继往开来	⑯ 玉带桥	㉓ 环碧山庄
③ 南湖书院	⑩ 铁笔丹心	⑰ 闻涛思国	㉔ 南湖
④ 一衣带水	⑪ 德赛先行	⑱ 得真石	㉕ 长堤杉影
⑤ 变法之歌	⑫ 一碧万顷	⑲ 百年苍虬	㉖ 碧浪临轩
⑥ 一枝独秀	⑬ 倚山挹翠	⑳ 普法广场	㉗ 一曲三折
⑦ 鹊梦回塘	⑭ 宣法广场	㉑ 黄梅阁	㉘ 南湖长堤

纬 七 路

经 五 路

居 住 区

经 四 路

0 5 10 20 50 m

纬 六 路

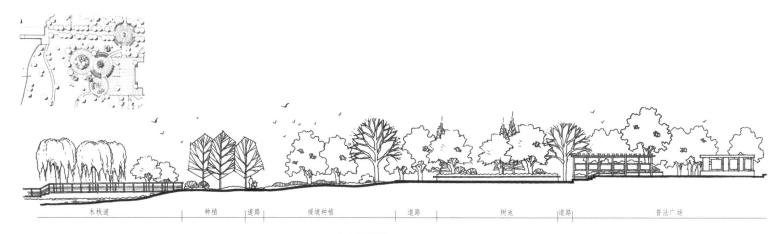

木栈道　　　种植　　道路　　缓坡种植　　道路　　树池　　道路　　普法广场

A-A断面图

黄梅阁

铁笔丹心雕塑

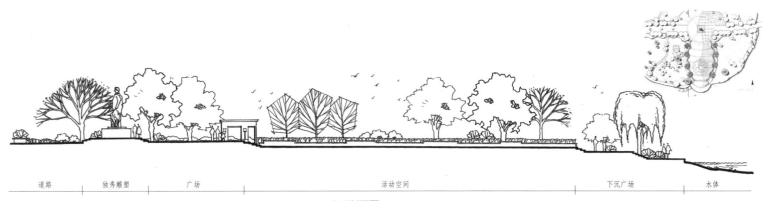

B-B断面图

道路　独秀雕塑　广场　活动空间　下沉广场　水体

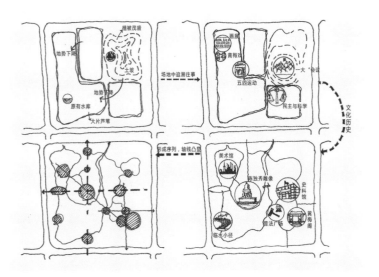

文化分析图

怀宁县建于东晋，至今已有1600余年的历史。中国共产党的主要创始人和早期主要领导人、"新文化运动的旗手""五四运动的总司令"——陈独秀诞生于安庆怀宁。作为陈独秀故里，怀宁县广泛征集陈独秀的史料，大力宣传独秀文化。

独秀公园整体的设计和建筑风格以纪念陈独秀、宣扬中共党史、彰显怀宁地方文化为主题，旨在宣扬历史，激励后人。园区内设陈独秀史料馆、独秀广场、新青年文化广场、铁笔丹心雕塑广场、黄梅戏广场等人文景观节点，是集追溯历史、文化教育、休闲游憩等多功能为一体的综合性公园。独秀公园以其良好的中心地理位置和得天独厚的人文景观资源，逐渐被打造成为当地的一处重要人文景点、革命历史教育和思想研究的集中营。

在呼吁可持续发展和追求民族性、地方性的浪潮中，怀宁独秀公园的规划从城市生态化、人情化等角度把握总体设计；充分考虑兼顾城市景观、人文背景、生态保护、市民活动等几方面的关系。设计者在充分分析场地生态结构的前提下，结合地域的人文背景和自然资源，以建设人文景观和开发生态资源为切入点，强调人与自然的互动性，满足城镇居民活动和城镇景观需求。

景观资源开发

　　场地形状为偏方形，园内水景、绿地、植被相间交错，形成场地的本底资源。南湖原为一水库，水面约占园区总用地的三分之一，成为独秀公园的构图中心。地势上西、南面略低，东面较高，北面有一小丘，整个园区地势变化不大。生态系统上，原有植被较少，水面有大片芦苇，北面小丘上植被较密，主要树种为黑松配以高大乔木。后期设计中着重考虑地形地势的改造、场地标高的设计、湖面改造对地形和土方平衡的影响、园路的坡度等方面。场地北部小丘的高度增高，东部坡地高度降低，加之中部的水系，形成高低错落的景观效果。

总体构思

　　从对怀宁独秀公园的功能定位和建设的意义出发，在满足环境绿化要求的前提下，把绿化建设提高到开发城市生态景观资源的高度。调查研究地理环境特征和植物资源状况，在吸取传统山水园林景观文化的同时，力求体现时代的精神和特色。因而设计者对功能性质不同的用地进行结构的整体性构思，以密植区、疏植区、草坪为基本绿化结构层次，结合水面和地形处理形成完整的环境系统，并进一步从景观资源评价体系的角度出发对局部的环境景观进行美学意境构思，使景观资源在开发时兼备一定的人文价值。

绿化配置设计

　　公园的整体植物配置较为通透，以达到园内园外相互融合的效果。整个园区最高点位于北面山坡上，此处采用密植手法，主要以松、柏类植物形成植被景观。自山坡南下，至人文景区植被渐松，打开景观视廊，形成植物变化上的节奏。西侧为休憩区，植物密度略大，形成较为私密的空间，树种以小乔木、灌木及色叶树种形成植被群落，如黄杨、海桐、绣线菊等。中心广场以植物花坛形成软质景观，与硬质景观相呼应。南湖沿岸处，植物沿岸线有节奏地点缀，以强调湖岸线的走向。水生植物采用荷花及鸢尾，以丰富水面色彩。

公园入口

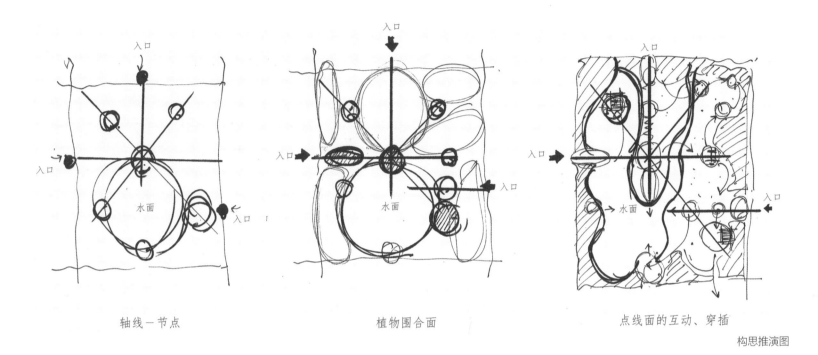

轴线－节点　　　　　　　植物围合面　　　　　　点线面的互动、穿插

构思推演图

陈独秀史料馆

功能空间与游憩行为

　　园区西部景区的活动场地布点较为密集，节点之间通过文化元素进行串联，联系度高。活动场地主要由硬质广场和景观小品结合而成。南湖水面萦回曲折，环抱西部景区，似蕴藉深沉的哲人坐看怀宁大地。而北部、东部景区因地形坡度的变化，活动场地布点少、较为分散，活动场地的形式以建筑和广场结合的形式为主。设计时把握场地的功能特征，塑造具有场所精神的景观空间。园区的活动场地主要分为四种类型：革命历史类、民俗文化类、科学教育类、园艺创作类。

　　革命历史类活动场地主要包括新青年雕塑广场、铁笔丹心雕塑广场、继往开来雕塑广场、独秀广场、陈独秀史料馆、仿南湖游船景点，主要分布在西入口至南湖景区。其中，铁笔丹心雕塑、继往开来雕塑广场通过提炼抽象的元素，象征一代革命领袖对国家革命事业的满腔热忱，告诫后辈们在革命道路上需不忘初心、砥砺前行。

　　民俗文化类活动节点主要为黄梅戏广场，主要建筑为黄梅阁，为典型的新中式建筑风格。黄梅戏是"中国五大戏曲剧种"之一，源自湖北黄梅，在安徽安庆发展壮大，是安徽省的首要地方戏曲剧种。独秀公园内的黄梅阁成了怀宁当地众多黄梅戏爱好者的交流中心。每至夜幕落下，独秀公园便热闹起来，最吸引人的便是黄梅戏爱好者们的休闲演出。换上戏服，锣鼓声起，表演者和观演者便都沉醉于纯朴清新、细腻动人的曲调之中。正是充分了解黄梅戏的独特魅力和当地人们对黄梅戏的热爱，设计使得独秀公园的功能空间得到最大化利用，并为园区增添了文化活力，提升当地居民的参与性。

　　科学教育类活动场地包含普法广场、宣法广场、南湖书院和青少年服务中心。在广场、建筑的基础上通过景墙、文化廊和书法创作等叠加文化元素，以丰富游人的视觉感受为导向，向游人传达科学教育信息。园艺创作类景观节点主要包含得真石广场、古树广场，园艺创作的景观元素有造型花架等。

滨水休憩座椅

景观空间形态

从景观的要求出发，景观空间形态的设计须注重对全局的景观结构、景观视线层次及局部景观美学意境的把握，以此来提升整体的景观价值水准。在景观构成中，不仅涉及绿化配置、水面、地形处理等基本要素，还有路、桥等因素对景观视点及软质景观构成方面带来的影响。景观的整体结构设计，不仅着眼于绿化和水体系统内在的需要，同时也要注重外部景观视觉效果的表达作用。独秀公园空间形态的营造主要包含四个层面：植物的虚实对比、地形的高低变化、水系的开合变化和视觉走廊的营造。

植物的虚实对比

整个园区的地势由北面山坡向南面水系逐步变缓，北面山坡采用密植的手法，主要以松树、柏树形成植物背景林，烘托出水系与山地密林之间的旷奥关系。自山坡南下至活动场地，植被渐松，视线走廊被打开。中部草坪开阔，林木疏朗，此处通视效果最佳。西侧为休憩区，以种植密植植物为主，形成较为私密的空间。整体种植设计上虚实结合，疏密变化，富有节奏感。

地形的高低变化

设计者梳理场地原有地形，通过调整局部地形的高程和坡度，创造契合景观绿化空间结构设想的绝佳地势，如增加北部山坡的高度增加，减缓中部坡地的高度，调整原有水面岸线，从而达到地形高低起伏的景观效果。

水系的开合变化

设计者从全局水体结构设想出发，对原有水库宽窄均等的水面轮廓进行优化。水面用绿岛、园桥、长堤来过渡场地，丰富水面景致。形成南部以大水面为主，北面为狭长形的自然曲水空间，与开阔的大水面构成开合有致的水系结构。

景观视廊的营造

由南入口至陈独秀雕塑，再到陈独秀史料馆，形成全园的主游线，蜿蜒曲折贯穿全园。此主游线为全园中轴，统领三大景观视廊、六大功能分区，并协调各辅助游线。空间形态上，园区地势由低缓到坡度逐步变大；视觉空间从开阔疏朗到闭合汇聚，巧妙的设计手法让游人体验到不同的空间感受。同时，空间意境上象征着陈独秀早期的意气风发、慷慨激昂到后期时乖命蹇的命运旋律。

独秀广场作为整体景观结构构成的重要依据，设计从宏观的尺度上来考虑景观的需要，着重体现的是一个完整流畅、层次分明、别具一格的效果。

（1）视轴一蕴涵传统园林文化的审美情趣。中国传统造园注重借景、理水的观念和中国山水画构图中平远、高远、深远的取景透视模式，在这里加以运用体现。视线向北，视觉形态上由疏朗、低密过渡到繁密、高密，地形由河流、平原向山脚过渡，呈高远之势。视线向南，地势平缓，面临浩浩湖面，是景观的绝佳之地，借山水画"平远"的构图手法，此处的景观美学意境构想为：景宜朝夕花宜影，云自开合水自流。空灵的湖水倒影小城秀丽身影，云锦般的花木与河湖动静对比，相映成趣。婀娜深远的湖岸、挺拔修长的乔木与公路桥形成和谐的整体。

（2）视轴二地形平坦，由西北向东南望去，视觉形态上，由高密过渡到低密。西北游憩区中以狭长的曲水和密林中挺拔修长的乔木形成开合有致的水边空间，即借中国画"深远"的构图手法，形成幽深、静雅之景，向园区中部舒缓展开，疏林草地与独秀广场形成软硬结合的整体。山花烂漫的大草坡，活泼起伏，婀娜的驳岸，每到秋天景象变得更为生动，可谓：四面霜红花满坡，满城欢笑尽小园。

（3）视轴三自西向东，地势舒缓渐低。此轴汲取了现代简约风格，体现含蓄蕴藉的意境，舒适与美观并存的享受。西端的南湖书院静谧幽深，另有一番趣味，软硬景观形成自由简洁的空间更有闲庭信步的意味。再向东部，节奏变化跳跃，灵透端庄的黄梅阁在水一方，由林间过渡到水边体现了"林壑春风闻鸟语，午阴嘉树看清园"的美学意境。

全园景观北部闭合，东部、南部、西部三面开敞，面向怀宁新城区中心，景色亲切宜人、活泼灵透，体现了社会、环境、经济三个效益的统一。

自然资源是场地景观的有机组成部分，城市公园设计应重视对场地自然资源的保护和利用，协调自然景观的多样性与人工景观的意境营造，构建适宜的空间尺度，使活动场地与自然本底资源形成较好的耦合机制；明确场地的用地性质、与周围用地之间的关系，充分考虑社会风俗、居民生活习惯，了解周边使用人群对环境景观的需求，反映在场地设计中，使场地设计具有人文特色，形成具有侧重的功能空间。

亳州市蒙城县万佛塔公园改造设计

Renovation design of Wanfo Pagoda Park, Mengcheng, Bozhou

项目地点　亳州市
项目规模　3.33 hm²
设计时间　1993 年

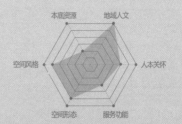

有机生成设计要素影响权重分析图

亳州市蒙城县万佛塔公园改造设计
Renovation design of Wanfo Pagoda Park, Mengcheng, Bozhou

　　万佛塔公园位于亳州市蒙城县嵇康北路32号,位于蒙城县南隅。公园东至城市干道嵇康北路,南至城市干道阜蚌路,西至城市次路南华路,交通便利。东北角邻近蒙城县老年大学,西侧毗邻蒙城县第三小学,南侧为革命烈士纪念馆,颇有文化氛围。合肥市属于北亚热带季风气候区,气候温和、雨量适中、日照充足、四季分明,常年以东南风及西北风为主导风向。整个地块近似方形,占地3.33 hm²,公园风格偏向中国古典园林,自然幽静。公园地势较平整,无明显地形变化,院内有镜面水池,池边硬质驳岸,借景于园内西侧的万佛塔。

万佛塔

精雕细琢奠定悠久历史文化

　　万佛塔，又名宝塔、插花塔、兴化寺塔、慈氏寺塔，俗称蒙城砖塔。因塔内镶嵌近万尊佛像，故名万佛塔。在历史上，它始建于北宋，位于蒙城县南隅，此塔为省重点文物保护单位，已收入《中国名胜词典》和《中国古代建筑技术史》中。从结构特点判断，此塔宋代建筑特征居多。万佛塔造型优美，对于中国古代建筑史的研究，具有重要价值。塔内现存两块建塔的碑刻：一块在第四层，为宋崇宁元年（1102 年）所刻；一块在第十一层，为崇宁五年（1106 年）所刻。从两块碑记的相隔时间推断，从五层到十一层即已相隔 4 年，全塔共 13 层，加上基础和塔刹的施工，全塔修建了 10 年左右。万佛塔为八角十三层楼阁式砖塔，高 42.6 m。万佛塔体型不大，但造型秀丽，结构富于变化，保存亦较完整。它使用北方砖塔构造方法建造，为中国南北方造塔技术融合的作品，是一处重要的宋塔实物。1961 年被安徽省政府公布为省级重点文物保护单位，被载入《中国名胜词典》。2006 年，万佛塔被国务院核定为全国重点文物保护单位。

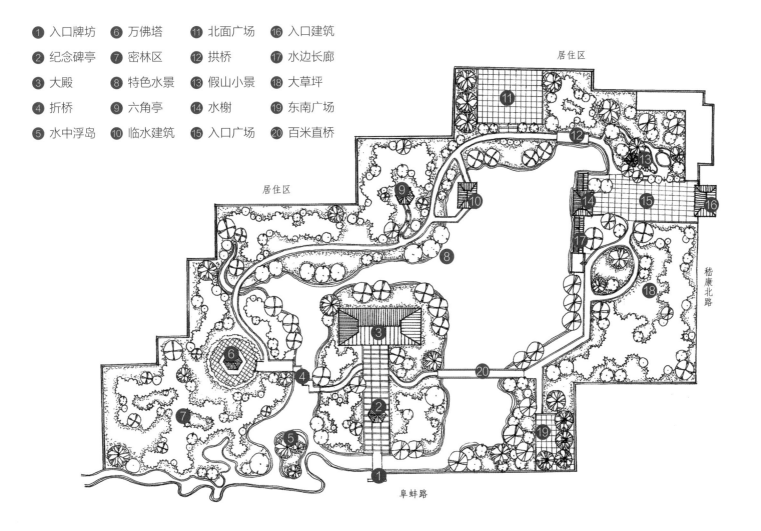

❶ 入口牌坊　❻ 万佛塔　⓫ 北面广场　⓰ 入口建筑
❷ 纪念碑亭　❼ 密林区　⓬ 拱桥　⓱ 水边长廊
❸ 大殿　❽ 特色水景　⓭ 假山小景　⓲ 大草坪
❹ 折桥　❾ 六角亭　⓮ 水榭　⓳ 东南广场
❺ 水中浮岛　❿ 临水建筑　⓯ 入口广场　⓴ 百米直桥

总平面图

亭台楼阁

明确分区凸显强烈主轴序列

　　万佛塔公园入口屹立着牌坊，往内通过石桥，来到一座纪念亭，距离纪念亭 30 m 便是园内大殿，这便形成了牌坊、纪念亭、大殿以及山坡上的古亭的主要轴线。在主轴的西侧，通过折桥，便是宋代建筑万佛塔，塔周有绿篱围绕，有一定的硬质铺装，作为欣赏古塔的观测点。在主轴的东侧有个湖面，湖边点缀着水榭亭台，建筑完美融入绿荫当中，通过一座长约 50 m 的石桥连接。在主轴的末端，山坡上有个古亭，约 2 m 高，为公园的制高点，游人由弯曲的石阶缓缓向上，可观赏整个公园的景致。在公园的东北角，有个别致的假山置石小景，掇石近 2 m，砌石阶，假山上修建有一座亭子，假山边挖掘小水池，水池上跨宽度约为 1 m 的小拱桥，形成小尺度的园林小景。

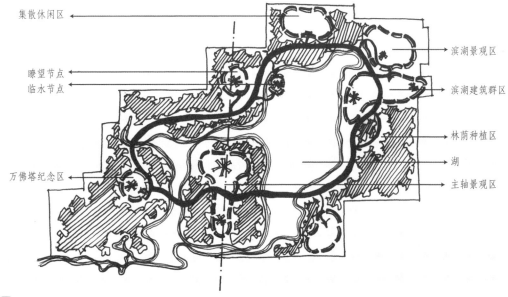

集散休闲区

瞭望节点
临水节点

万佛塔纪念区

滨湖景观区

滨湖建筑群区

林荫种植区

湖

主轴景观区

分析图

亭台楼阁

亭台楼阁点缀平远湖光山色

　　在公园的东侧挖掘湖面，与外侧的城市水系相连，既保持水质清澈，亦可作为城市蓄水的容器之一。在湖面的东侧，一座仿古长廊临水而建，其中穿插着一座古亭将廊一分为二。湖的西北角，园路延伸至水面，架桥而建水中仿古水榭，与长廊遥相对望。连接两处建筑的媒介即为一长石板桥与一短拱桥，在水边便形成尺度适宜的小型建筑群，富有韵律，节奏轻快。

石拱桥

大殿

绝妙布局融合古今独特韵味

公园规划以保护宋代建筑万佛塔为主旨，纪念和弘扬蒙城悠久的历史文化。公园入口处的主轴线庄重严肃，风格现代。主轴的西侧，以万佛塔为中心，设置着尺度适宜的集散广场，用于瞻仰历史遗迹。主轴的东侧，即为古典园林所常见的处理手法，挖湖堆山，亭台水榭依山傍水而建。主轴的东侧与西侧区域形成古典与现代的风格碰撞，广场地面巧用仿古典园林卵石铺装点缀，曲折多变的园路将两个区域相融合。

巧于因借衍生多变视觉层次

在长廊之中，望向西南方向，最先映入眼帘的便是对岸的一座建于水面之上的仿古水榭。水榭的南侧，主殿的屋身隐于高大柳树之中，而屋顶依旧赫然可见，水流穿桥而过，流向主殿与水榭之间的幽深远处，似无源无尾无尽头。视线触及更远更高处，伫立多年记载着岁月痕迹的万佛塔收入眼眶，由于巧于因借，长廊处的视觉景观因此变得耐人寻味。

远眺万佛塔

九曲桥连接万佛塔景区

柳树掩映下的大殿与万佛塔

山坡古亭

亳州市蒙城县万佛塔公园改造设计
Renovation design of Wanfo Pagoda Park, Mengcheng, Bozhou

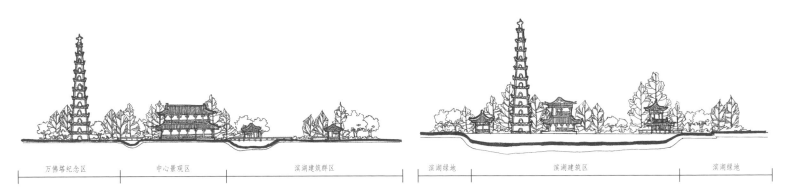

| 万佛塔纪念区 | 中心景观区 | 滨湖建筑群区 | | 滨湖绿地 | 滨湖建筑区 | 滨湖绿地 |

公园剖面图

建筑点缀滨湖景观

二 城市广场

CHAPTER 2 / URBAN SQUARE

宣城市火车站站前彩螺广场设计

Landscape design of Xuancheng Railway Station Square

项目地点　宣城市
项目规模　7.67 hm²
设计时间　1996 年

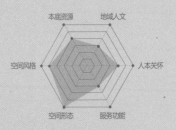

有机生成设计要素影响权重分析图

宣城市火车站站前彩螺广场设计
Landscape design of Xuancheng Railway Station Square

1 初闻海浪　　10 白色浪花
2 泛起绿波　　11 绚烂海面
3 心中彩螺　　12 丛林深处
4 桥上风景　　13 水岸小憩
5 旋转海螺　　14 清新转角
6 灵动驳岸　　15 心灵港湾
7 光照疏影　　16 春暖花开
8 空旷草地　　17 在水一方
9 密林休闲　　18 海风驿站

总平面图

　　不断发展的景观设计已不仅仅只满足于形式主义，而对各要素的有机融合提出了更高的要求，景观有机生成方法应运而生。景观有机生成方法通过对场地资源、功能需求、空间形象进行推演再造，提升场地活力，其中景观空间有机生成通过不同构图，划分和营造多重空间，丰富整个场地氛围，带给使用者不同的感受，这是景观有机生成方法论中重要的一环。本文以宣城市彩螺广场设计为例，充分展现有机生成在景观空间营造方面的应用。

　　彩螺广场地处安徽省宣城市宣州区叠嶂东路 110 号火车站前方，占地 7.67 hm²，是由时任安徽农业大学风景园林系张浪教授于 2001 年创作设计。彩螺广场西邻张果路，东邻彩螺路，周边有众多住宅与商业用地，它地理位置重要。地势较为平坦，张果路至水面的高差为 1~2 m。场地以彩螺广场为入口，行人桥穿过水面，水岸配置高大乔木与灌木，形成层次丰富的植物组团，西岸亲水平台开敞舒朗，配有张拉膜构筑物以提高人群使用率。多种元素有机结合满足游客需求，广场形成集休闲、集会、游览、教育为一体的丰富空间。对于一座城市，火车站是离家最近的驿站，也是人们心中的港湾。这处"港湾"里，有"海浪"，有"海螺"，沿着"海岸"有机分布，或开或合，或疏或密，时而与植物同创郁葱之境，时而和建筑共造起伏之感，让整个空间成为令人向往的"海洋天堂"。

剖面图

旋转海螺——湖心景观花坛

注：本文发表于《园林》2018 年第 9 期，题名为《景观空间有机生成设计探索——宣城市彩螺广场的设计解读》。

多元素弧线呼应主题

流动的海浪

在对原场地进行空间构图时，设计师没有只满足于做符合当下的功能设计，也在考虑今后的空间发展。在场地空间有机设计第一步，设计师进行合理的空间布局，在满足功能的基础上，结合心灵港湾文化特色，构图流线取自海浪，主要表现形式有流动的铺装和流动的灯带，以此顺应空间的肌理和格局。

1. 蜿蜒的铺装形式

设计师以心灵港湾文化为依据，将海浪的流线映射至场地。因此，设计铺装的形式也以此为灵感，设计了蜿蜒流动的铺装形式，衬托主题的同时，也具有一定的序列感与整体性。如广场里所用的铺装设计策略在公园的整体规划和空间体验中发挥了十分有机的作用，通过二维平面协助分隔不同的空间，又借此联结统一整个广场的空间风格，表现了地域因素和人文文化，营造了线条变化丰富的特色空间，强化了空间形象。

2. 柔和的灯带形式

与铺装形式相似，灯带的形式也设计成了海浪般的流动型，然而与铺装连续性不一样的是，灯带在硬质小品上是间隔分布的，在软景上则根据植物设计进行分布。设计围绕着海浪主题，在灯光照明与植物的配置中进一步强化空间形象，如广场水上行人桥的灯带形式也顺应场地的铺装形式，呈现流线型。设计源于场地及地域文化，同时也为场地周边人群服务，让老人、小孩在四季之中感受温馨的绿色流动空间。春天百花盛开，繁花似锦；夏天疏林草木，习习凉风，轻轻"海浪"穿梭在具有梦幻般的"海水"之中，让空气随之变得更加清新与芳香。

设计师以"流动的海浪"般潇洒地勾勒场地整体空间轮廓，将场地的"海浪"设为第一层次的空间，强化空间构成，形成"基础有机空间"，之后所有的设计都是在此基础上进行层层叠加并完善。

张拉膜结构塑造"白色浪花"景点

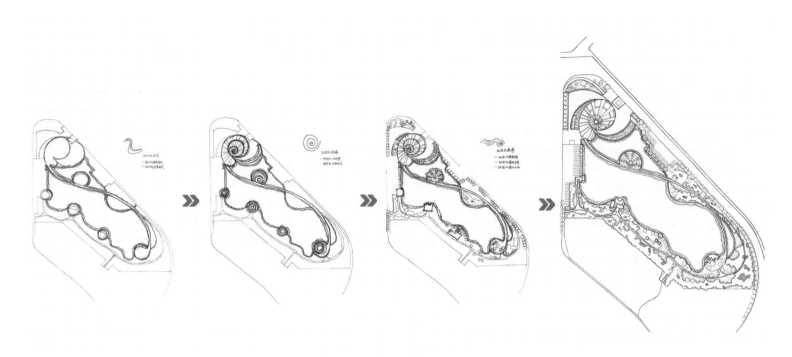

设计推演图

水上栈桥串联景点

旋转的海螺

日本设计大师原研哉在其《设计中的设计》中提道："与自然的相处方式就是等待，等待着，等待着，不知不觉间，我们就感受到了自然的丰饶……"在风景园林设计相当长的发展过程中，发挥整个场地的关键因素是要深入分析、研究此地的空间生成过程，然后因地制宜，进行合理有机的环境设计。本项目中，设计者采用海螺形式体现心灵港湾文化，打造具体空间并将其串联成整体，使其成为广场的亮点。

在场地空间有机设计的第二步，承接第一步骤中的空间布局，在此基础上进行节点布置，借由合理动线达到步移景异效果，不同视廊形成旷奥对比，丰富空间层次。场地中的节点零星且有序地分布，构成多种具体空间，带给使用者不同的感受，充分体现空间有机特点。

1. 零星的海螺

巨大的"旋转海螺"是人们主要聚集休憩的场所，象征人们的活力。海螺顺时针旋转，螺尖指向水面，尾部迎向火车站的入口，层层递进，呈圆锥形向上凸出，其上是象征生态的五彩花坛，呈圆形向下凹进，此形态来源于代表生态的山体和地形，让人感受到"漫山遍野"的花海，以植物花坛作为景观特色令人如沐春风、神清气爽。

宣城市彩螺广场属于城市滨水公园景观，园内构筑物较少，并且零星地放置在园内的不同角落，通过园内的大水面串联，形成一定的整体性和序列感。园中最开敞的空间聚集于园中大面积的水体区域，主要特色是通过围绕在大水面周围的植物打造不同的体验空间，使人步移景异，可以感受到不一样的户外氛围。

彩螺广场弧形花坛

休息亭与对岸张拉膜构筑物相呼应

2. 有序的海螺

自然驳岸景观区是两条主景观视线交会的端点。景观区内的交通功能发达，设计者将道路设计成网络结构，构成景观的骨架，各条园路在多处可方便到达卵石滩景点，使游人能很好地亲近水面，在生态环境中感受现代景观设计带来的文明成果。

作为景观副视线的端点，音乐茶座景观区具有一定面积的临水木质地板的铺装场地，并放置有木质桌椅。茶座对面设置颇具时代感的张拉膜构筑物，像一朵朵盛开在绿荫、碧水间的荷花，为人们提供驻足休闲场所，增添场地服务功能。此区域铺装场地以不同的铺装材料先将其分为两个主景区，再分为四个互不干扰的景区，以满足不同人群的需求。此区域种植阔叶箬竹，配以高大乔木，给人以开阔、明快的空间感受。

在"海浪"空间的基础上，将一系列"海螺"零星而有序地布置，形成"叠加有机空间"，即在上一层的空间上进行有机叠加，同时也构筑了下一步骤的基础。

开阔的滨湖视野

心灵的港湾

"每一段故事诞生的地方，都有一种'美'存在。我们与其邂逅，被其触动，心生涟漪，新的故事便随之诞生……"日本当代工艺大师赤木明登如是说。假如一个场所深受人们的喜爱，使用率极高，那这个场所自然而然就会受到人们的重视，并在长时间里受到较好的维护，从而在无形中发挥出各种各样的空间特色，富有生命力。

在场地空间有机设计的第三步，基于前两个步骤的空间构图形式和节点布置方法，设计师将"海浪""海螺"形象与场地的水面进行相应的空间拓扑营造，形成"港湾"，打造开敞空间，在整体上呼应空间构图。将设计场地与周边环境有机联系，游人步入此空间环境中，会感受到心灵的慰藉与回家的温暖，并突出了地域与人文特色，有助于整个景观空间的有机生成。

1. 安心的港湾

在滨水东岸，由于树木园还可兼作收集、保存郎溪珍贵树木及优良树种引种的试验基地，园内各树种被挂上标识牌，既可作观赏，又可作科普教学；保留园内已有小径，铺设狗牙根，形成与自然极为融合的林荫道。园内以阔叶树种为主，树木间距不等，疏密有致，虚实结合；林木层次分明，林冠浓淡相宜，设计者利用不同树种，营造不同季相，构成丰富多彩、和谐的时间、空间画面。空间中的绿色环境能够为人们提供从建筑到自然、从局限性的微气候到绿色清凉环境的不同体验。

在滨水西岸，不同柳树种类形成不同景致，与远处的水杉融为一景，柳树摇曳多姿，清新淡雅，让游人在游憩的同时，体验不同景色；在滨水北岸，设计师保留了园中原有长势良好的植物，在适当区域补植一些大冠幅的阔叶树，如香樟等，丰富其自然景观。整个规划分年实施，逐步到位，以园养园，滚动发展，所以不同于城市中围墙圈定范围的园林建筑，此处改造之后，林中空地即为咖啡厅、茶室，方便游人休憩、饮食。

2. 心灵的港湾

本项目把园区中的六个景区在视觉上与城市景观联系起来，每两个景区形成一体，每个景区分别为一条景观视线通廊的起点或景观视线的端点。这将彩螺广场与城市景观自然交融，视线通廊合理分布，轴线明显，游客可以围绕着宽阔的湖面进行各种景观活动，时而休闲散步，时而凝神冥想，时而驻足赏景，时而呼唤雀跃，徜徉其间，心旷神怡。

"港湾"空间则为最终生成的有机空间，形成"完善有机空间"，在"基础有机空间"和"叠加有机空间"的共同作用下，有机生成的"心灵的港湾"，作为游人内心深处的一处归宿。

公园建设逐步恢复以传统文化为背景的人文景观，设计者基于彩螺广场的心灵港湾文化，根据风景园林设计有机生成方法论为设计的基本方法，将"海浪""海螺""港湾"依次为设计意向进行空间构图和场地改造，结合场地的本底资源有机地利用环境进行各项目要素特点推演，从而以引人入胜的景观，感受不一样的空间体验。

城市中的港湾，一处离家最近的地方。设计者结合周边环境，归纳心灵港湾文化主题，采用流动的海浪与旋转的海螺元素，伴随风景园林有机生成方法，实现空间与文化的有机融合，在喧闹城市中打造出一处安静又丰富的人文景观。

林荫小道与开阔湖景对比，形成节奏感

滁州市人民广场绿化设计
Green design of People's Square, Chuzhou

项目地点　滁州市
项目规模　9.60 hm²
设计时间　1999 年

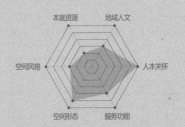

有机生成设计要素影响权重分析图

滁州市人民广场绿化设计
Green design of People's Square, Chuzhou

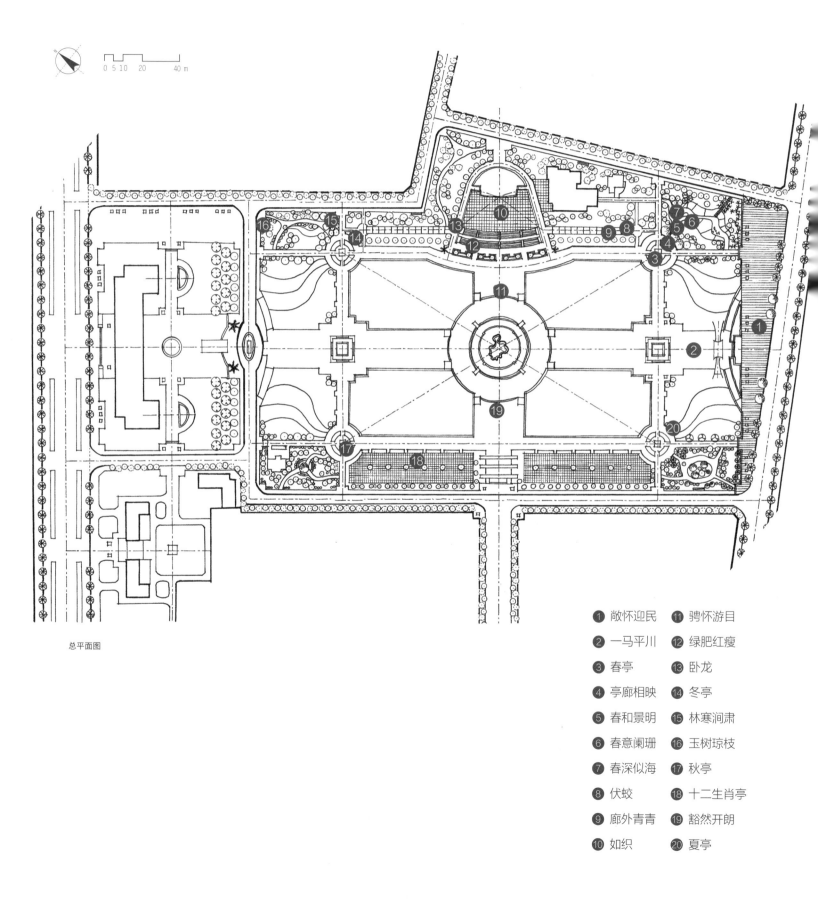

0 5 10 20   40 m

总平面图

① 敞怀迎民　⑪ 骋怀游目
② 一马平川　⑫ 绿肥红瘦
③ 春亭　　　⑬ 卧龙
④ 亭廊相映　⑭ 冬亭
⑤ 春和景明　⑮ 林寒涧肃
⑥ 春意阑珊　⑯ 玉树琼枝
⑦ 春深似海　⑰ 秋亭
⑧ 伏蛟　　　⑱ 十二生肖亭
⑨ 廊外青青　⑲ 豁然开朗
⑩ 如织　　　⑳ 夏亭

中轴线视廊

居于皖东 远眺琅琊

　　滁州市地处皖东要塞，境内交通便捷，风景资源丰富，"环滁皆山也"正是对此的典型写照。随着当地经济发展和居民对美好环境的向往，滁州市政府决定在滁州市主干道——琅琊路以南，凤凰路以北的一块9.60 m² 的地块上建设一座现代化的市民公共活动场所。从总体环境来看，此地段位置显要而且可以远眺琅琊山，空间感很强。在广场总体规划确定的前提下，为了更好地与整个广场相协调，在此从环境景观方面做更深一步的设计。

人性化的有机理念

1. 亲人性

　　广场作为一个综合性的公共活动场所，一定是一个亲切宜人的环境，"以人为本"贯穿整个环境设计。广场要为市民提供功能、尺度适宜的使用空间。

2. 可持续性

　　设计者在广场空间环境塑造方面，利用点、线、面相结合形成立体化的绿化和水景，保证了广场具有较高的绿化覆盖率和良好的自然生态环境；在植物选择与配置上充分考虑到其自然属性，形成可持续的生态景观。

3. 层次性

　　广场空间对外围界面利用植物材料进行限定，在广场内部利用乔、灌、草等形成梯度感和延续性的景观。

人工与自然的有机融合

1. 景观协调，强调特色

广场的内外环境绿化要与周围的建筑、街道风格相协调，减少冲突，强调融合，在广场内部的绿化环境之间也应统一并与整个广场气氛相协调，但各部分绿化处理应强调各自的特色，有所变化，以丰富整个广场的环境空间。

2. 过渡有致，层次清晰

植物绿化形成广场的生命特征。广场布局是一个明显的规则对称式结构，所以在绿化设计时不能破坏这个特征。从广场中心喷泉水池向四周发散到四角的四季园即是一个从规则到自然的过渡过程。

3. 主次搭配，组景有方

位于广场轴线交点的四个景亭是市民赏园、交往的重要场所，依据春夏秋冬四季为象征的四季园要和各景亭相呼应。四季园从植物配置和选择上充分体现各自的季节特点，并与主景的亭子形成一个整体氛围。可从景点建设的高度来组织搭配。考虑到四个亭子在整个广场上显得有些低矮，通过绿化，选择一些较大的树形将其掩映其中，更显园亭相称。

景亭位于轴线交点

剖面图

十二生肖柱细节

空间场所各具人文特色

1. 世纪门入口区

位于主轴线的起点，世纪门入口区以弧形的坡道面向凤凰路。在入口两侧"八字"形缓坡上布置曲线形的模纹花坛并对称种植低矮棕榈以强调弧形，突出世纪门的壮观。

2. 中心喷泉水池区

喷泉水池作为广场的中心及焦点，喷出的水幕配以灯光，以滁州地图为外形，并辅以圆形花圃，鲜艳花卉衬托着白色的喷水。由于喷泉水池地处中心，此可以寓意为"远香四溢"。

3. 大草坪区

围绕着中心喷泉水池，铺有四块绿色草坪，空间视域比较开阔、壮观。作为横向空间，它与十二生肖柱及音乐舞台附近的高大背景树构成的竖向空间形成对比。

4. 四季园

四季园中植物按季相来划分，在一年四季的季相变化中，各园显示出季节特色，同时，设计者还考虑了"大四季"的植物配置。树木围合形成了半公共、半私密空间，为市民游赏、休息、交谈提供了场所。

5. 周边环境的绿化处理

设计者考虑到周围建筑与广场不相协调的现状，采用绿化手段来处理，在东、西两侧用高大的行道树配以灌木，以形成绿色屏障将周围建筑掩饰。北侧背靠市委市政府大楼，暂时用高大的雪松和蜀桧形成一道绿墙将其分隔。这样，广场的东、北、西三侧绿化连成一体，将广场封闭，突出广场景观。

对称式广场设计烘托主体建筑

广场东北方廊外景观

广场东北方廊内景观

在人性化场所中点缀绿意

　　在种植布局上，遵循"疏可走马，密不透风"的原则，同时结合自然式和规则式两种种植形式。为了维护广场的整体气氛不受破坏，在广场周边的干道旁间植雪松、紫薇及广玉兰、紫叶李，形成较封闭的绿化带，使内外隔离较好，广场内环境舒适安静；在四季园及广场周边的绿地中配置以乔、灌、草、色带等植物，形成多层次多色彩的植物生态群落。

空间旷奥对比

植物景观呼应半球形构筑物

弧形喷泉水池衬托主景构筑物

三 大学校园

CHAPTER 3 / UNIVERSITY CAMPUS

安徽大学磬苑校区绿化景观设计
Landscape design of Qingyuan Campus of Anhui University

项目地点　合肥市
项目规模　133.33 hm²
设计时间　2000 年

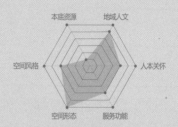

有机生成设计要素影响权重分析图

安徽大学磐苑校区绿化景观设计
Landscape design of Qingyuan Campus of Anhui University

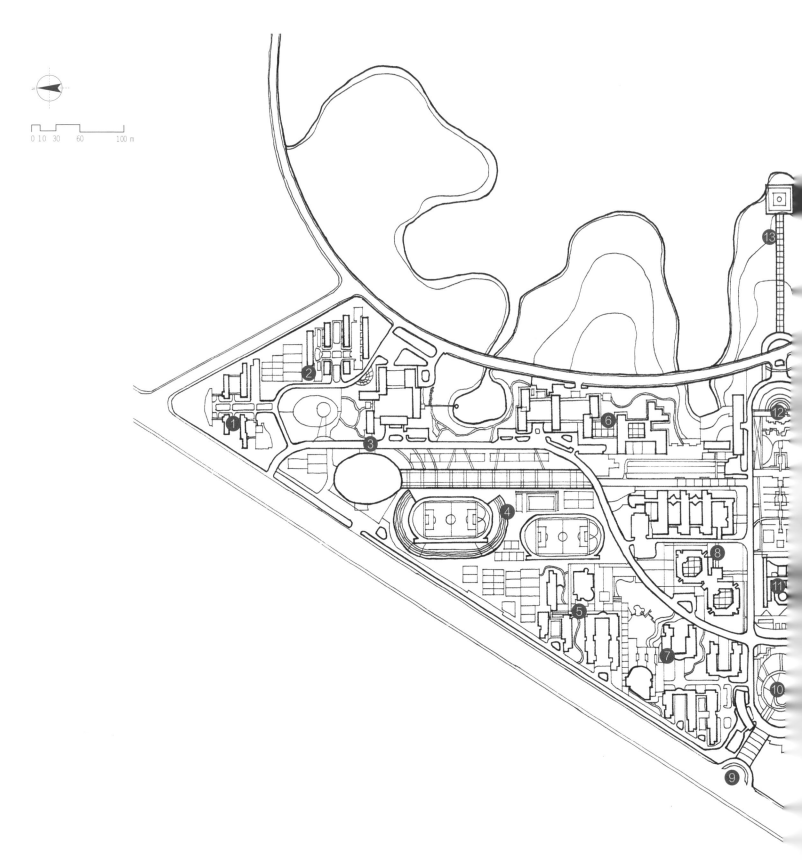

总平面图

❶ 磬苑驿站	⑪ 文典阁前
❷ 校友之家	⑫ 磬苑广场
❸ 至诚大道	⑬ 翡翠湖畔
❹ 体育场地	⑭ 博学笃行
❺ 杏枣榴香	⑮ 岁寒三友
❻ 理工殿堂	⑯ 上古环翠
❼ 橘李桃园	⑰ 南运动场
❽ 博学北楼	⑱ 水景生态
❾ 九龙西门	⑲ 西南风景
❿ 鸣磬广场	⑳ 幽幽潭岗

安徽大学磐苑校区位于合肥经济技术开发区西侧的合肥大学城中西部，翡翠路以北，九龙路和汤口路以东，容城路以南，翡翠湖环湖西路以西，东侧怀抱翡翠湖及公园景区，占地约 133.33 hm²。大学城围绕翡翠湖呈发散式布局，已成为经济技术开发区"知识＋生态"的绿蕊。该校区的校园形状如古代的打击乐器"磬"，因此得名磐苑。校区于 2005 年正式投入使用，至今已有十多年的时间，但其景观依然让人震撼。磐苑校区的校园园林景观由张浪教授带领设计团队进行整体设计，其布局完整，风格统一，特点突出。其主要景区包括鸣磬广场、磐苑广场、鹅池等。

线面结合

在平面设计中"点、线、面"可以理解为把若干个点放在一起构成一条线，把若干条线放在一起构成一个面。在一个二维空间平面内，运用这种"点、线、面"的关系进行构图搭配，使之达到对比、协调、统一的构图形式。本规划根据校园的总体规划，以安徽大学新校区植物概念性规划要求为依据，以"营建景观绿轴、打造特色校园"为设计理念。运用植物景观突显校园的筋脉——"线"（道路），从而突出校园独特的平面布局，用丰富的植物景观来加强校园景观轴线的视觉效果，并通过合理的种植形式对校园的节点平台——"面"（各功能区域）进行空间划分，形成不同的交流空间。在此基础上，利用植物"语言"来表达校园的文化底蕴，将校园建设成为一个人文与自然相和谐、传统与现代相交融、以人为本、智能化的生态校园。

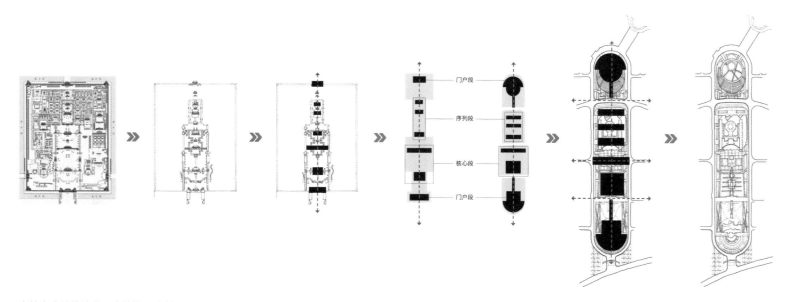

由故宫中轴线演化而来的校园主轴图

主轴线的景观序列感

注：本文发表于《园林》2018 年第 5 期，题名为《安徽大学磬苑校区园林景观的有机生成设计解读》。

自然人文与历史文化的空间交融

自然人文轴——东西轴连贯东西校门的横向景观带，实际上是参考了北京故宫南北向中轴的布局模式。故宫的宫殿是沿着一条南北向中轴线排列，三大殿、后三宫、御花园都位于这条中轴线上并向两旁展开，遵循"左祖右社，前朝后市"的原则，南北取直，左右对称。这条中轴线不仅贯穿在紫禁城内，而且南达永定门，北到鼓楼、钟楼，贯穿了整个北京市，可以说是整个北京的生命线。安徽大学的东西轴线则穿越学生宿舍区、图书馆与实验区、公共教学区、院系组团区以及滨河景观区，并延伸至翡翠湖，将翡翠湖的自然滨河景观引入校园。在轴线上利用主要段节点在线上的串联作用，丰富了校区景观横轴的内容，同时也赋予了这条轴线文化内涵与自然气息。

历史文化轴——南段轴线紧连风格古朴的南大门，位于专家接待区和院系组团区的西侧，采用传统园林的基础配置手法，选用安徽乡土树种表达安徽大学深厚的文化底蕴。

科学文化轴——中段轴线位于公共教学区、图书馆与实验区的东侧，以开阔的水面、疏朗的草坪、规则种植的树池来体现科学的开放性、严谨性、缜密性。体育文化轴——北段轴线穿越体育运动区，乔木以阵列式兼具自然式的方式种植，从而体现植物群落景观，地被植物以直线条色带的形式穿插于绿地中，突出运动区的环境氛围。

框景

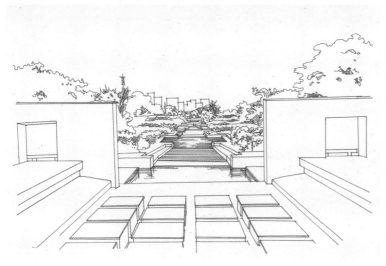

水池透视效果组图

阶梯式绿地广场

景墙突出序列感

尊重校园文化，细节体现绿色功能

对自然地貌的尊重与发展是此次校园设计的特征之一，规划中对指状湿地的保留与改造尽显设计的独特之处。规划设计分为两个层次：首先是保护天然的山水形态与生态格局，其次是设计空间视廊与自然环境保护面，突出其景观价值。在133.33 hm² 大面积的用地内，校园建筑多以院落的形式或成组群的布置。院落建筑在地形与人的尺度中间，增加了一个舒适的过渡空间尺度。与大型现代建筑相比，院落式的族群布局具有更好的亲和力、文化性和地域特色。

校园东侧怀抱拥有 53.33 hm² 水面的翡翠湖及其公园景区，为校园滨河景观带的塑造提供了良好的生态环境基础和优质的景观资源。滨河景观带在满足与翡翠湖景区互相借景的情况下，利用原有地势并适当进行调整，打造自然的疏林缀花草坪，沿湖的驳岸及水面配置多种水生植物，营造湿地景观将自然生态系统引入校园环境，起到良好的自然调节功能。

极具质感的绿色空间

植物景观以广场的规则式景观为主，同时配以大量阳光草坪，形成特有的自然景观。注意乔、灌、草相结合，植物景观以春秋两季的景色为展示主体。春天繁花似锦的花卉交替开放、秋天展现层林尽染的秋色与硕果累累的丰收景象，可以想象数年后植物树冠将会在广场上形成遮阴，丰富了广场的质感，体现出季节的变换。

设计团队设计了的许多活动场地，供师生们在此进行休闲娱乐活动，沿着景观横轴从东向西进行富有层次的植物造景，分别是"水景疏林""读书林间"和"圆台草地"，这三个部分各具特色，共同构成景观优美而又极具质感的绿色空间。

水景疏林

水景疏林位于校园东入口的水景与石板结合的小广场，其中种植了不同树种，树冠在小广场的边缘相连，形成一道绿色的遮棚，师生们可以在此交流、小憩。开放式的空间布局让小广场的使用非常灵活。

读书林间

读书林间位于景观横轴的中间段，主要集中在刘文典教授雕塑的两侧，设计初衷来源于景观横轴的对称之感。其间设置了十几面名人景观墙与花池，与周边的小树林相映成趣。花池中色彩斑斓，种植了各种植物，有多年生乔木、灌木等，极具视觉美感，吸引师生们在此停留、驻足与读书。茂盛的植物丰富了校园景观空间，营造出生机盎然的有机环境。

圆台草地

圆台草地位于校园景观横轴的最西端，这里是师生们进行休闲活动最多的地方，也是开展各种文娱节目活动和毕业生摄影留念的场地。几十层台阶顺势而下，灌木绿植每一层宽度相等同时富有韵律感。大学生们课余时间在此地进行各种活动，有社团活动、文体活动和公益活动等。此处的各种绿色元素为整个校园呈现出大自然有机的风貌。

强调虚实对比的空间生成融合

安徽大学新校区的特色在于入口中轴，即景观横轴空间有机特色，硬质广场与水系的结合，达到空间的虚实对比。同时硬质广场与阳光草坪的结合和孤植树与阳光草坪的结合，逐步展现出空间结构的不同变化，体现出不一样的开合对比，中轴的空间特色是安徽大学新校区比较显著的特点。

在中轴的外观形式上借鉴了北京故宫的中轴，整体显得有序而壮观。然而，对于其中组成的各个节点来说，在一些细节的空间设计上却显现出西方古典园林的处理手法，这也形成了中西方园林空间的特色对比。具体来说，设计师在中轴空间的处理上，将几个具有不同空间形式和空间风格的节点有序布置，从校园东部入口的水池广场到链式跌水台，从刘文典教授雕像到校园西部圆台绿地下沉广场，在整体上清晰地呈现出递进的关系，这既能反映中轴空间的整体感，又能体现各具特征的空间节点，为师生们提供多元化活动场所。

安徽大学磬苑校区的景观横轴设计是根据场地上的一些本底资源来构建和塑造有机的"空间形态"和"空间风格"，比如文化中轴上的链式跌水、端头雕塑、左右对称的景观元素，这些元素与校园的文化相结合，使得围合的空间更加富有生命力，更加有机。

走进安徽大学磬苑校区的大门，映入眼帘的是中轴上的景观墙，它宛如一位智者在向人们娓娓道来学校的前世传奇和今生故事。继续前行即可感受到绵长的轴线感，远看好似北京故宫的中轴般令人震撼，近看又穿插校园文化与当地文化，令人感到亲切与朴实，可以说这兼具景观与文化于一身的校园景观轴，为师生们安排了一场知识与绿色的有机邂逅。

安徽大学磬苑校区历经十几年，人们依然能够感受到其极具震撼的空间感。这些主要得益于设计团队创新的空间有机生成设计手法和充满人文情怀的设计理念，这些都值得每一位园林设计者学习、借鉴。

入口水池与硬质广场结合形成空间对比

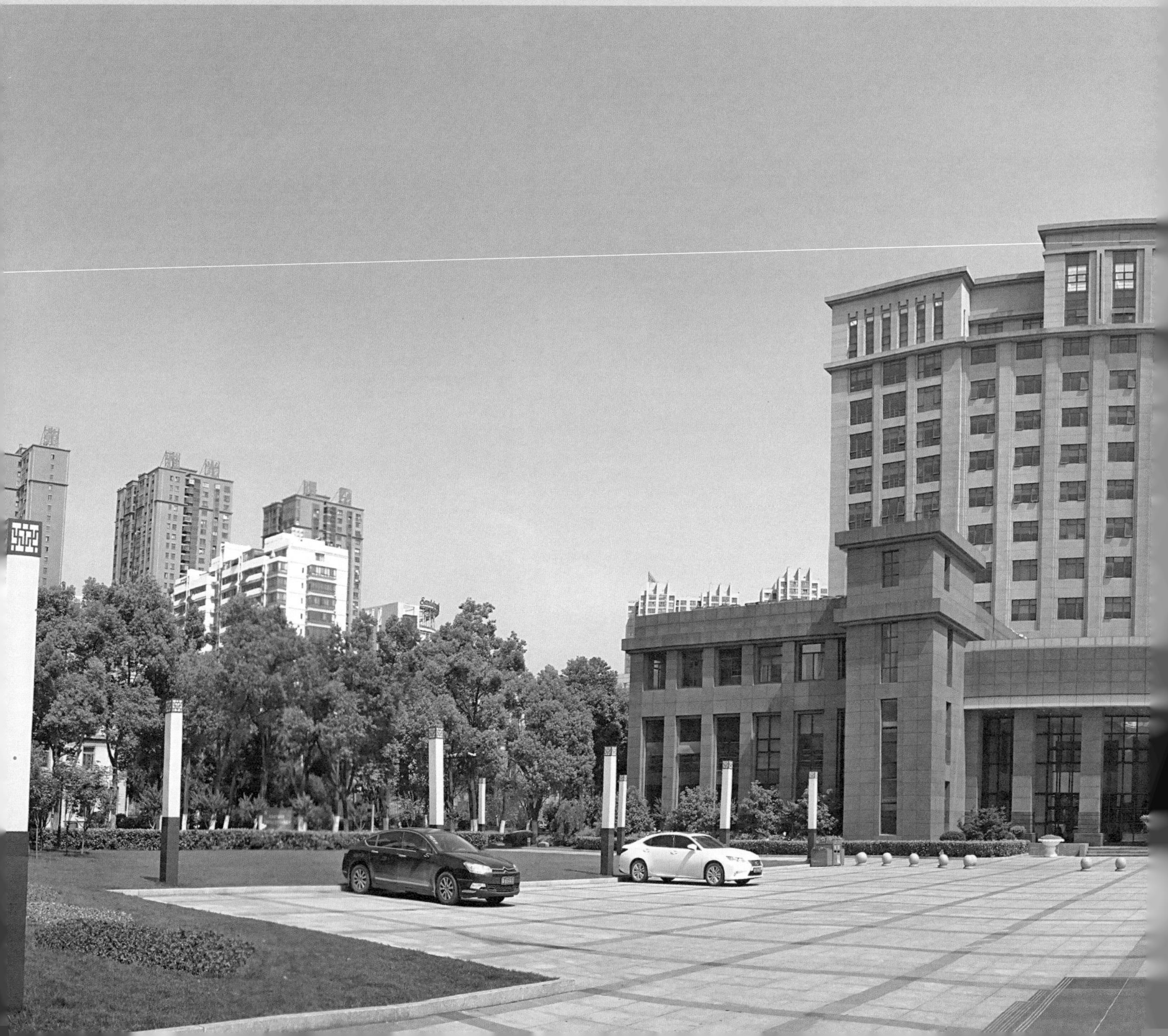

安徽省委党校校园环境改造设计

Environment renovation design of Party School of Anhui
Provincial Committee of C.P.C.

项目地点　合肥市
项目规模　18.24 hm²
设计时间　1998 年

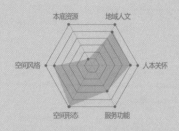

有机生成设计要素影响权重分析图

❶ 神圣殿堂
❷ 星星之火
❸ 光荣之路
❹ 信仰之台
❺ 健体之地
❻ 悠然住所
❼ 荣耀之境
❽ 领袖之像
❾ 疏林休闲
❿ 树木树人
⓫ 梅花水镜
⓬ 群众花园
⓭ 园内小憩
⓮ 丛林党风
⓯ 古典住区
⓰ 如沐春风
⓱ 正气堂
⓲ 英雄气

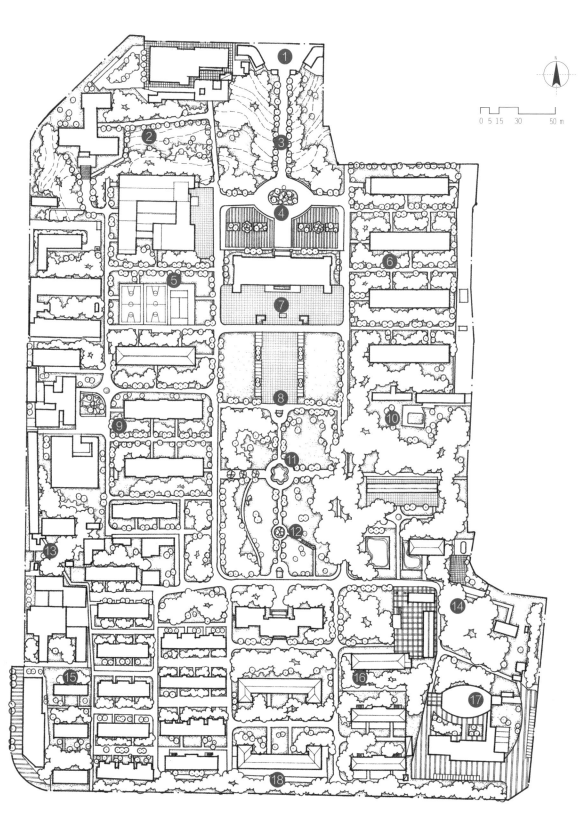

总平面图

主题雕塑点景

安徽省委党校自建校以来，经多年的环境提升，今日校园春季桃花映照，樱花烂漫；夏季绿树成荫，清凉袭人；秋季丹桂飘香；冬季蜡梅傲雪。但过去校园绿地因无总体规划，校园绿化郁闭度较高，常绿树与落叶树比例严重失调，常绿树过多，校园缺乏季相变化，绿化布置特点不明显，不能与建筑风格很好地结合。

特色体系构建书香环境

设计者立足现状，调整绿地结构，将主轴贯穿始终，联结各景观节点，创造功能齐全、别具特色的新型校园。

设计中，校园内部空间绿化格调以空透疏散、简洁明快为主，广植草坪并点缀色叶芬芳的花灌木，减少绿篱量，尽可能消除零碎感和封闭感，而边缘则要郁闭，即"内部空透，边缘闭合"，以植物为主，适当点缀建筑小品、喷泉，扩大绿地面积，形成既富有人情味，又不乏时代气息的教学科研环境。

教学楼前广场

序列布局彰显浩然正气

　　正门广场主要以植物造景，通过植物材料分割空间，其布局以自然式为主。广场以大面积的草坪为基调，以烘托教学综合楼的稳健庄重，有着平稳、开朗、豪迈之势，视线开放，体现时代的特点；四周种植花草树木，丰富景观。中心圆形花坛保持不变，为与之相称，其两侧采用弧线和直线围合成近对称模纹图案，显得自由活泼，根据总体规划设计要求，将雪松、红叶李移到围墙建筑边。在西边及北边新植了色叶树银杏，秋叶变黄，冬季落叶，有色彩变化和季相变化。为满足功能的需要，绿地中建有一小型停车场，四周以白色铺装，与草地虚实相应，使开阔的草坪不单调。

　　园林中的池塘在原来自然式的基础上稍加改造，形成流畅的湖岸曲线，使水面具幽奥之感。两岸花木互相映衬，高低错落、层次分明。池塘设置有花架、亭、平台，三者成鼎立之势，互为对景，为游人提供休憩、赏景、垂钓的场所。水池的植物配植力求简洁、活泼，并依照季相变化，考虑树种搭配，做到常绿与落叶相结合，乔木与灌木相结合，观花与观叶相结合，形成一个观赏与游憩相结合、具有时代特色的校园景区。小游园在北边临溪处加入迎春花和合欢，形成一个幽闭的溪流景观，与开阔的草坪空间形成对比。溪的东边应党校要求植一片竹林，小游园中围合的道路拐角处加入一些花灌木，既可在视线的交点增加景观，丰富游园的季相变化，又可防止游人穿行。

　　绿色植物能使没有生命的住宅建筑群富有浓厚亲切的生活气息，而且打破了建筑线条的平直、单调感。住宅区的楼房成行列式排列，因而绿化保留原有的规则式，用整形绿篱将道路两旁勾勒出整齐的线条；在住宅楼的南边种植一些较低矮的花灌木，既不影响室内的通风采光，又有艳丽浓香的景色。同时注重垂直绿化，西墙遍植攀缘植物如爬墙虎，既美化环境，扩大绿地面积，同时又能起降温消暑的作用。

梅花水池与植物打破建筑线条的单调感

林荫大道

保留原有大树

池塘游园一角

多样功能打造新型校园

景观功能分区布局结合规划地形地貌，以自然取胜，呈现或开敞、或紧凑的风格，岗埠隽秀、池水荡漾、溪水曲折、园路顺畅、树木葱郁、花草遍地，创造功能齐全、别具特色的新型校园。

全园共规划了正门广场及主干道、池塘小游园、住宅绿化、花房温室、学员楼前休闲绿地等五个景观功能分区。

四季种植丰富整体感官

常绿树与落叶树相结合，绿化和香化相结合，使校园保持四季有花、四季常青；在树种上，添加一些色叶和观花树种，以及园林中的新兴的、观赏价值高、表现优良的花灌木、地被植物和草花品种，丰富季相变化，形成大的色块效果，具有整体感和现代感。

绿地基本保持原有树种如雪松、红叶李、龙柏、银杏、香樟、合欢、洒金柏等。灌木选用金叶女贞、红叶小檗等，花灌木选用桂花、蜡梅等。

彩叶植物与组石点景

景观元素展示有机空间

　　校园绿地既具地方特色，与蜀山风景区融为一体，又体现时代精神，大胆创新，使校园富有时代气息。设计者注意造景和实用的关系，贯彻"经济、实用、美观"的方针，合理调整规划，利用原有的树种，调整位置，满足功能需要；重点建设校内主干道、教学楼、行政楼、图书馆等环境绿化，用绿色植物组织空间和造景，创造安静、优美的学习和工作环境。

花境、廊架、背景树形成近、中、远景观层次

健身设施增加景观活力

高大树列突显庄重感

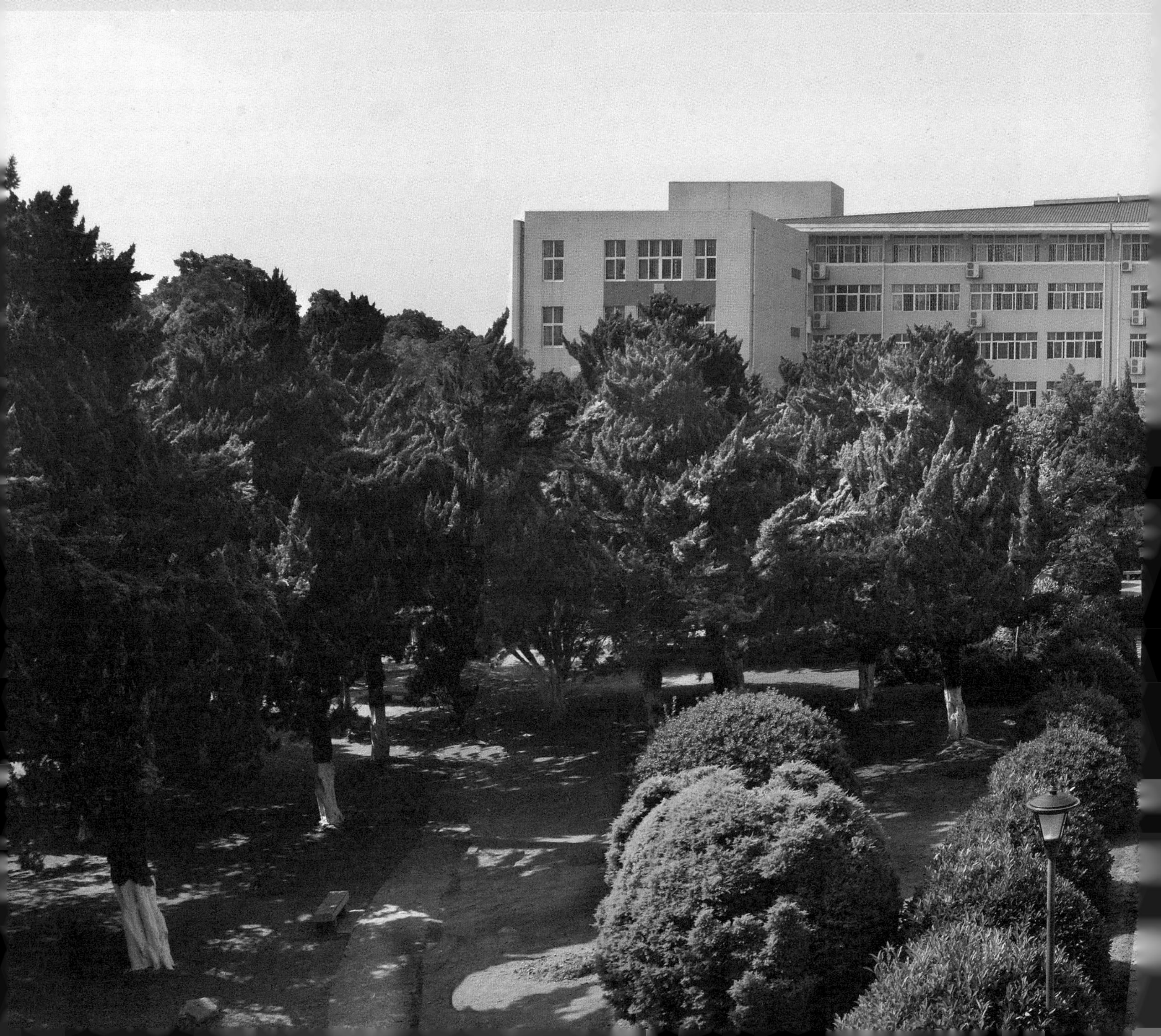

安徽农业大学教学楼
环境景观改造设计

Landscape renovation design of the Teaching Building in Anhui Agricultural University

项目地点 合肥市
项目规模 2.50 hm²
设计时间 1999 年

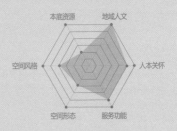

有机生成设计要素影响权重分析图

　　安徽农业大学教学楼景观区不仅仅是一个具有一定功能的场所，更是一种形象，一种代表，是安徽农业大学面向全社会的窗口。设计者通过规划设计，把安徽农业大学建设成为新世纪的新校园，从而改善校园环境、提高校园文化内涵，改善生态校园的整体形象。新建后的景观区将成为衔接两教学楼，集休闲、小型集会、交通、教育于一体的中心地带。

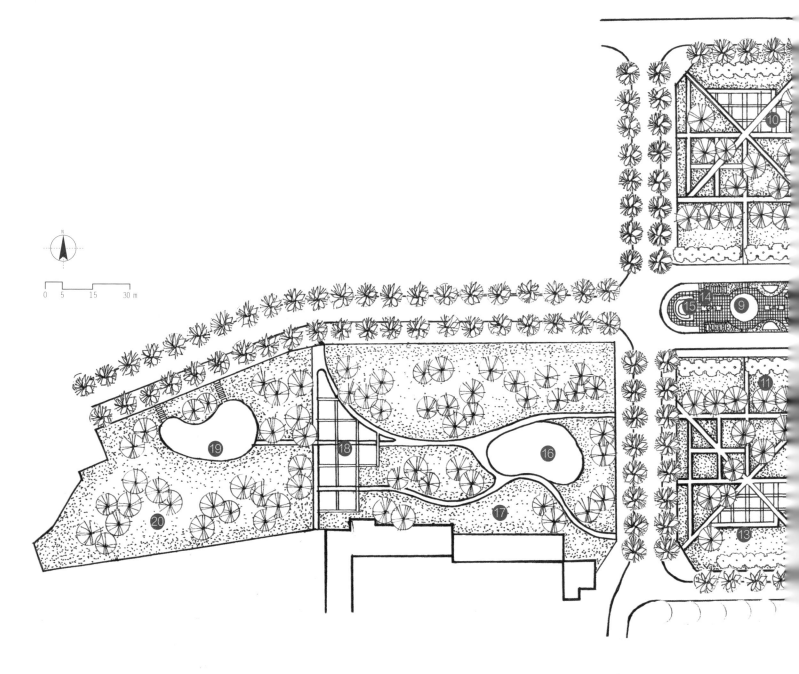

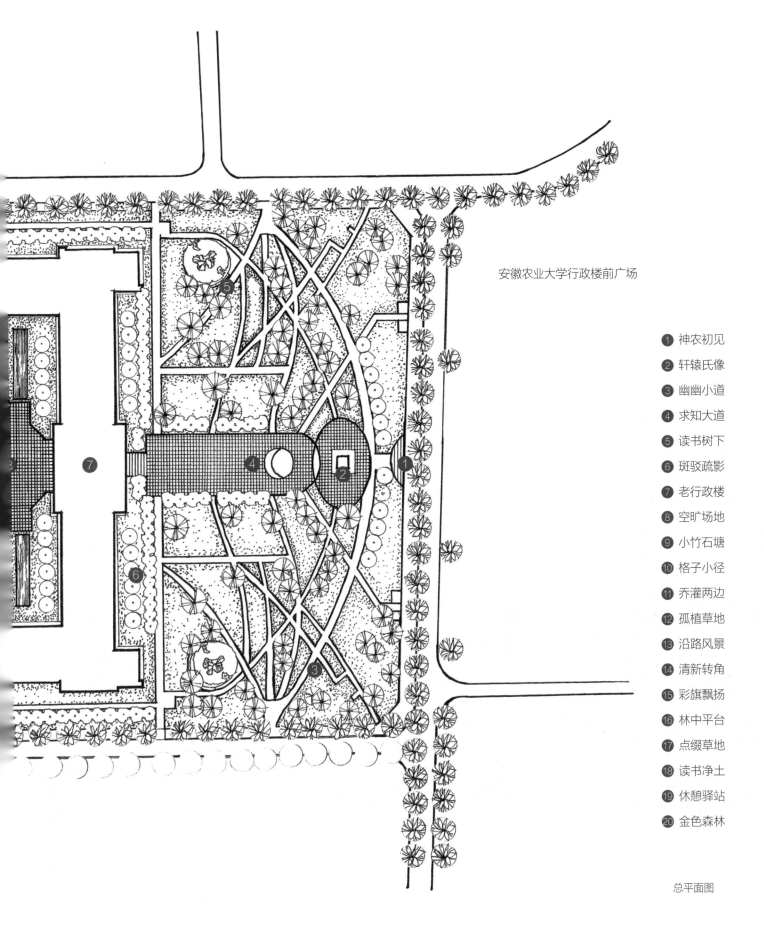

安徽农业大学行政楼前广场

1 神农初见
2 轩辕氏像
3 幽幽小道
4 求知大道
5 读书树下
6 斑驳疏影
7 老行政楼
8 空旷场地
9 小竹石塘
10 格子小径
11 乔灌两边
12 孤植草地
13 沿路风景
14 清新转角
15 彩旗飘扬
16 林中平台
17 点缀草地
18 读书净土
19 休憩驿站
20 金色森林

总平面图

营造古典韵味的景观空间

　　安徽农业大学的规划力图营造一个现代化的校园，其功能布局、建筑形态、广场空间都围绕此方向，新的设计应有迷人的魅力、古典的韵味，在把握文化传统的条件下，创造出具有代表性的景观空间。

　　安徽农业大学教学楼景观设计既不是传统广场设计，也不是园林设计，而应注重文脉和实用功能，讲究生态的空间塑造。该空间具有一般广场所具备的大气与开敞，但手法上不采用大面积的硬地与草坪，而是创造一个充满绿意的景观区。景观区充分体现自然景观特征的人工化景观，结合农业史、交通功能、休闲等之间的关系，突显农业之迷人风采，塑造以曲、直结合的规整平面形态，谱写一曲现代农业的交响诗。

对称式植物景观

游园中心假山景观

游园中心假山景观

核心景观体现有机特色

1. 整体规划、注重空间

　　规划将该区定性为学校标志性的功能齐全的核心景观区，该景观区以"追忆农耕"为主题，以人工景观与自然景观相结合，充分利用现有地形及地面高差，以重点与一般布置相结合的原则，试图给人提供多样化的景观体验，在不同的景观分区中，设计了不同的景观空间、不同的质感界面，这些或开敞、或封闭、或规则、或自由的景观特质同周边的环境中的教学楼形成一定的关系，从而与周围的建筑环境连为一体。使学子们在此景观区中感悟其中的意境，从而引发感触及思考。

2. 合理布局、功能齐全

　　景观区要满足周边建筑等对布局的要求，合理地安排整个教学区的交通功能，方便联系，充分发挥土地的使用功能。景观区能提供集会、广场、绿地空间，使学生们能够在学习疲劳之余寻找一份轻松，热闹中寻找一份宁静；并尊重学生在教学楼周围晨读的习惯，为晨读提供场地。

植物围合形成静谧空间

疏林读书处

列阵式种植突显景观轴线

校园文化与农业文化的碰撞

1. 景观视线的应用

设计者通过对景观视线的应用，整合小区中的景观轴线关系，把整个小区中的四个景区在视觉上统一起来，用两条东西辅轴线和一条南北的主轴线与学校的主出入口的景观联系成一体，并在轴线交点和轴线端点设置园林建筑、景观小品等。

以学校发展史及农业发展史为主线，创造了两条交叉的景观轴线，构成校园文化与农业文化景观带，突出历史主题，强调纪念空间。自东向西的为校园文化历史景观主轴，反映了学校自开创至今所经历的各个发展阶段，自南向北为农业文化景观次轴，讲述了农业自生命起源的发展历史。两条景观主轴构成了景观的主体结构，各个景观区域及景点沿此框架建立与展开，形成丰富的空间。

2. 景观功能分区

以农业发展为主题设立景观功能分区：主要分为生命起源景观区、古代农业景观区、科技农业景观区、现代农业景观区四个主要空间，重点加强科技农业景观区和现代农业景观区的设计。

3. 学习功能分区

安徽农业大学教学楼环境为校园内景观，主要以植物来形成一定的围合空间，利用一些高大以及分支点较高的乔木形成密闭的空间，十分适合学生在此地读书、背书，营造出校园学习的空间。

植物营造明暗空间

神农氏雕像

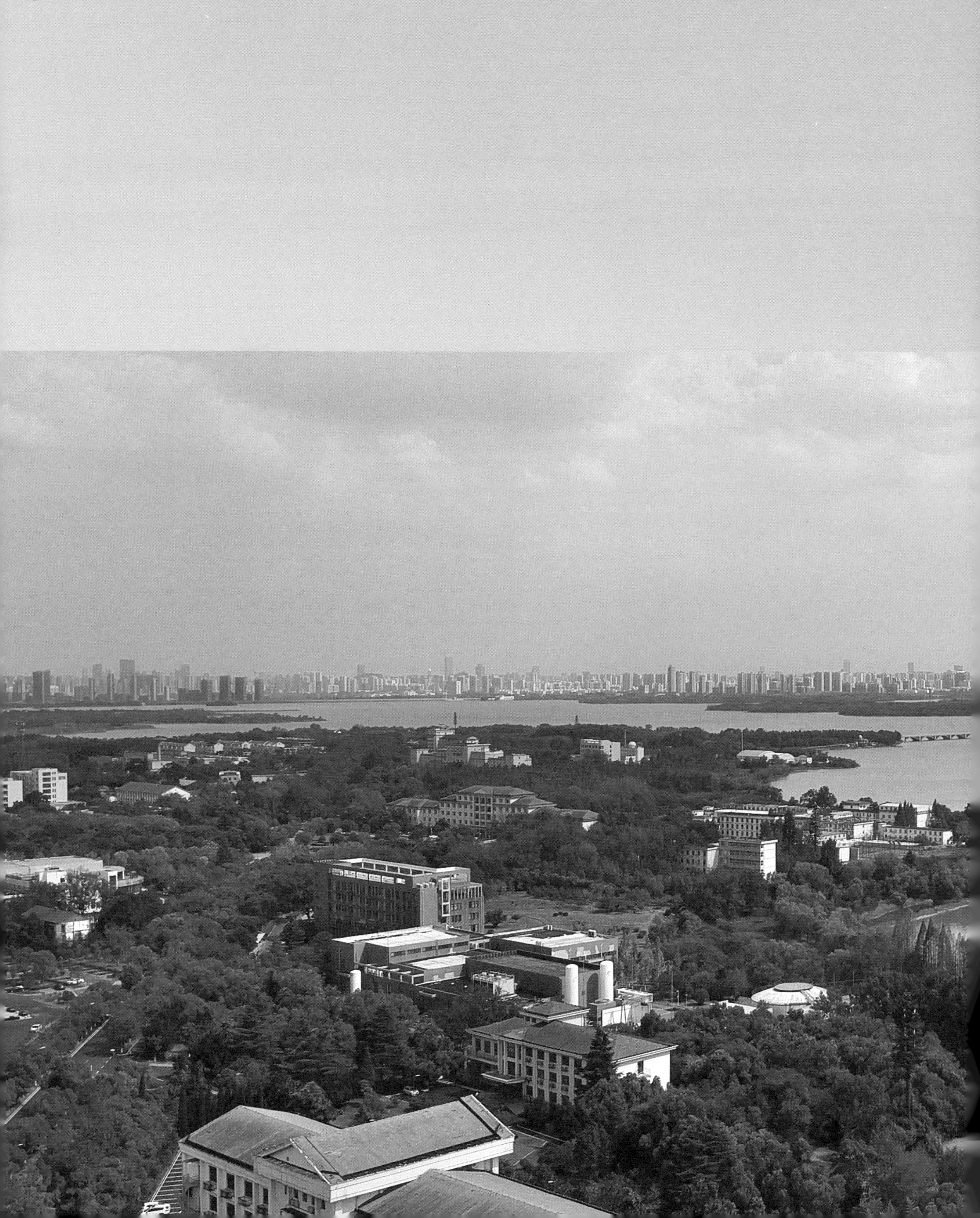

中国科学院等离子体物理研究所庭院改造设计

Courtyard renovation design of Institute of Plasma Physics
Chinese Academy of Sciences

项目地点　合肥市
项目规模　2.23 hm²
设计时间　1997 年

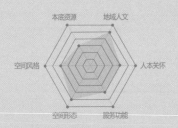

有机生成设计要素影响权重分析图

中国科学院等离子体物理研究所庭院改造设计
Courtyard renovation design of Institute of Plasma Physics Chinese Academy of Sciences

总平面图

中国科学院等离子体物理研究所（简称"等离子体所"，英文缩写为 ASIPP），坐落在安徽省合肥市西郊科学岛，成立于 1978 年 9 月，主要从事高温等离子体物理、磁约束核聚变工程技术及相关高技术研究和开发，以探索、开发、解决人类无限而清洁的新能源为最终目的。等离子体所是中国热核聚变研究的重要基地，在高温等离子体物理实验及核聚变工程技术研究方面处于国际先进水平，先后建成常规磁体托卡马克 HT-6B、HT-6M，我国第一个圆截面超导托卡马克核聚变实验装置"合肥超环"（HT-7），世界上第一个非圆截面全超导托卡马克核聚变实验装置"东方超环"（EAST），并在物理实验中获得了一系列国际先进或独具特色的成果，荣获 2 项国家科学技术进步奖及多个国家重要奖。

合肥市地处于华东地区、江淮之间。地境内多以丘陵平原、低洼山的地形相貌为主。合肥是典型的亚热带季风气候的城市，四季分明，气候温和。研究所位于合肥市西郊风景秀丽的蜀山湖畔的董铺岛上，面积 2.65 km^2。岛上三面环水，绿树成荫，四时四季，不同时节，不同景色。

山水文化 博大精深

中华民族崇尚山水文化的渊源来日已久，对观察研究大自然的生态环境比较热忱。古老的中国位于亚洲东方，东南面是一望无际的太平洋，西北区地貌复杂，盆地沙漠喀斯特地貌层峦分布。纵观整个地貌，祖先就是生活在这河清海晏、重峦叠嶂之间，依赖自然的给予，在漫长的历史发展中，在与自然的共生共存中，逐渐创造了丰富的物质文化，同时也积累了大批与山水相关的精神文化。长期存在于山水自然之间，人们对于山水的认知也越来越深刻，对于自然山水所激发出的思维方式、灵感碰撞、理想建构，文化传递，让中国人具有独特的精神风貌、思维感官和价值观念，也令人有着独特的山水感官和山水文化。在中国人的心目中，山水文化已是独特发展且不可替代的一种独特地域文化。"空山新雨后，天气晚来秋"不正是人们对山水自然的环境所抱有的特殊期待吗？

老子曰："上善若水，水善利万物而不争，处众人之所恶，故几于道。"将山水文化融入研究所的景观设计中，精简出概念及其对空间形态的处理方式，同时又使其符合现代的功能性空间设计要求，使二者有所融会贯通。研究所的景观规划以川泽纳污的湖泊为视线中心，辅以广阔的树木苗卉景观，以人为本，突出人的亲水性，规划丰富多彩的水景景观和复杂多变的绿植景观，供游人观赏和参与娱乐、运动、休闲，打造一个风景修远的娱乐放松场地，供研究所人员在该环境中享受新鲜空气循环、水循环和绿色循环所带来的清爽感观。

在呼吁可持续发展和追求民族性、地方性的设计浪潮中，等离子体物理研究所的景观规划设计以回归自然、建立生态资源、坚持绿色发展为总体思路，充分考虑设计背景、城市结构、城市景观、保护生态等因素，辅之社会、经济、景观三效益相统一的原则，结合合肥市地域的文化背景和自然资源，把切入点设为建设绿色发展型生态园林，强调人与自然的和谐性、统一性和发展性。设计者充分挖掘人文资源与自然资源，将研究所建设成为展示当代人积极奋发的科研精神，具有良好的区位服务功能的场所，且也响应习总书记对绿色发展的新思想的号召。

在这样新的环境绿色建设下，卓越地展现了研究所的齐心协力、团结合作的大科学团队精神，同时也彰显了在可持续发展前提下环保清洁理念对研究所的发展所塑造的新的研究方向。

在如今倡导生态保护与修复的理念下，生态文明成为发展趋势，从自然性到生态性，从生态性到可持续性，研究所打造的生态性公园是以不破坏生态、保持生态平衡为前提，正确处理好研究所人文与自然关系为核心理念，这样的设计理念正是响应了国家的号召。

丰富的水景和绿植

动静结合 水陆双栖

整体设计以动静结合、水陆双栖为主旨，把园内的景点在视觉上统一起来，同时各个景点相互之间又有联动关系，使整个景点丰富多样。

全园的主要园林通道和景观轴线绕湖而建，整体形态与花一般，将最为灵动的湖泊捧在掌心。游人穿梭在园林之中，迂回穿过密林、草地、湖泊、廊桥、亭台等景点，可看到美艳芬芳的花草、郁郁葱葱的树木，还有在那收获季节硕果累累的树木。各个小景点之间的相互辉映，使其形成了一个小的树木展览区。

暗藏在公园雕塑和花卉的区域，以春花艳丽的各种海棠为主景，配以线形规整的蜀桧地被，形成一条条形态各异的花卉景观。海棠呈曲线沿湖泊周围蔓延，呈点状向四周分散，海棠林下杜鹃、火棘、金钟花成片盛开，呈现了一条争奇斗艳的花卉植物景观。同时配上一些常绿树植，让整个景观在四季呈现着不同的生态效果和独特的视觉体验。各色花卉争奇斗艳，在各个时气、不同季节展现了不同的美丽与芬芳。

全园景观最为丰富的地点，莫过于景园中心的湖泊地带了。亭台楼阁，池馆水榭，湖泊周围树木环绕，映在青松翠柏之中；假山假石，花草盆景，藤萝翠竹，点缀其间。桥与水相连紧密，湖泊涟漪泛泛，并与卵石广场、廊架走廊、景观花架、亭台小谢、工具用房等组成功能齐全且具有观赏性的景色，似有别番风韵。

不同景点的不同景色，杂糅在这沁人心脾的景色中，无论游人在游览中从哪个角度瞥去，都是自然植物景观与人工造景的完美结合。人们从这些空间中所体会到的那份意境之美，也是设计者从特有的山水文化中所精简提炼的精华。而在生态环境上，对人的身体更是有沁人心脾之效。

廊架景观

为爬藤植物设计的花架

空间分布 景致分明

初秋时分,秋雨未至,湖水水位不似夏至般丰盈,科学岛周边,原被淹没的河滩、沟坎、池沼、水塘、坡地、田垄、芦苇荡等地均暴露无遗,形成一道独特的滩涂景观,别具风情,赏心悦目。这些滩涂景观,因经过一年的水淹,平时难得一见。高地名城,岛周之景,秋色斑斓。看瓟湖新瘦,初展沉颜;岸芷汀兰,港敛沙环。郁郁青青,沉鱼落雁。幽行处,闻蝉鸣深树,鱼跃清潭。行看水穷,坐看云起。风琴云淡身闲,观各类灵物生机勃勃。间或有披纱少女,摄洲头之美;操舟大叔,网水之鱼鲜。

纵观整个园林景观,湖泊平地为主体地理特征,它支撑着地面的总体形象和景观的空间变化,在地形位置着重处理,则会大大丰富园林感官,增强景观层次感和空间感,从而达到改善生态环境、加强园林艺术性的目的,使整个景观看起来更加饱满丰盈。研究所内整体地势大致平缓,设计者在规划时对其进行重新整理改造,考虑岛内的地势地形,体现本土风貌和地表特征;湖泊周围放置缓坡卵石铺装,并散置不同造型的块石、鹅卵石等,形成水生植物种植池、卵石滩等景观;与水池水岸相接处,砌筑毛石护坡或微坡,对石块地区加以点缀;利用各色水生植物营造野趣自然的溪流景观。另外在园内也放置有一座特殊雕像,名为"笔泉",取名之意源自"文思泉涌,下笔如有神",愿各位研究者在科研的道路上如这笔泉般才思文涌毫无笔顿之意。

景观功能布局与地形地貌加以结合,以自然取胜,呈现不同要求的景观风貌,岗埠隽秀、池水荡漾、溪水曲折、园路顺畅、树木葱郁、花草遍地,漫步其间,好一处生态盎然的景观游园之像,怎么不令人心生愉悦。

在有园内展望,无论何处地点,均是自然的植物景观与人工造景的完美结合。湖泊周围的绿地、湖泊上的亭台小谢把园内的各个景区、景点在视觉上统一起来,为游人提供了广阔的休闲场所,让游人时刻感受处于大自然的怀抱之中,同时也提升了公共空间活力。

"笔泉"雕塑

林荫小径

花草果树 丰富多彩

园区内植物以具有繁花、绿叶、硕果等任意两个特征的植物为基调树种，如枇杷、海棠、银杏、柿树、广玉兰、桂花，并在园内建立百果园，种植各色观果植物和果树，寓意科研硕果累累的主题。植物配置方面主要以"野蛮生长"为主题，以模仿自然生长状态为主，大草坪、山坡、山脚之处孤植大乔木，以展现植物独特的形态美，同时在其周围配置地被和水生植物，如石竹、书带草、鸢尾、燕子花、紫菀、霞草等，形成自然野趣的景观；注重植物的季节变化，营建春天的生机勃勃，夏天的绿意盎然，秋天的硕果累累，冬天的铮铮傲骨。自然式种植，再搭配上植物的高低错落凸显出空间形态上的起伏变化，动静结合，使其自然有序、丰富多彩。同时又给予人们在四季不同时节不同感观，令人回味。

结语

设计源于地理特征、源于服务对象的文化特征，同时设计也是为场地周边人群服务。创造"科研精神"的空间文化写照，让人们在四季之中感受温馨的绿色空间。春天百花盛开，繁花似锦；夏天生机盎然，绿树成荫，涟漪泛泛的湖泊散发出清凉的水汽，让空气也变得更加清凉与芬芳；秋天金桂香十里，硕果累累，海棠、柿子、木瓜等观赏性的果实挂满枝头，让人们知秋、赏秋，沉浸在丰收的喜悦中；冬季树木常青、郁郁葱葱，万籁俱静。各位科研者似这般树木博大稳健、朝气勃勃、精神矍铄、硕果累累。

"野蛮生长"的植物形态

四　纪念性园林

CHAPTER 4 / MEMORIAL PARK

九华山佛国圣地陵园环境设计

Environment design of Buddhist Shrine Cemetery in Jiuhua
Mountain

项目地点 池州市
项目规模 33.40 hm²
设计时间 1994 年

有机生成设计要素影响权重分析图

九华山佛国圣地陵园环境设计
Environment design of Buddhist Shrine Cemetery in Jiuhua Mountain

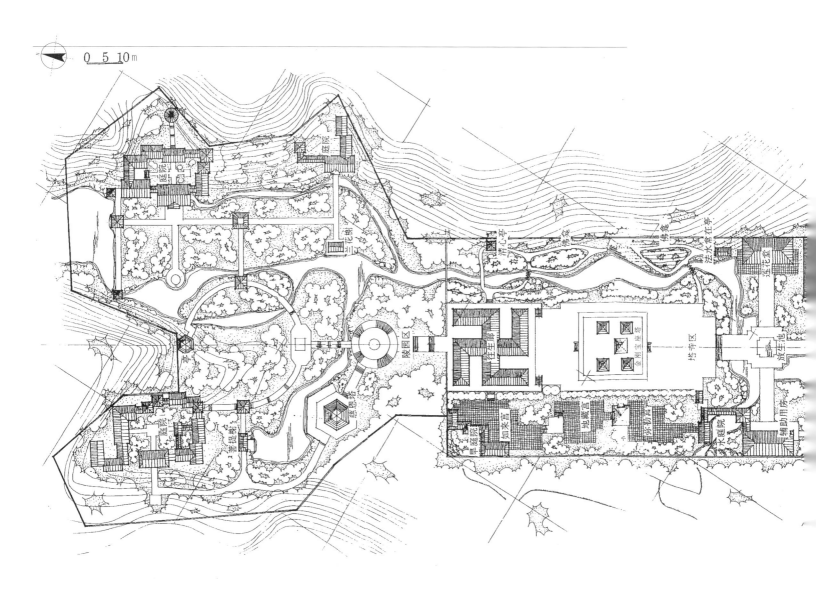

0 5 10 m

总平面图

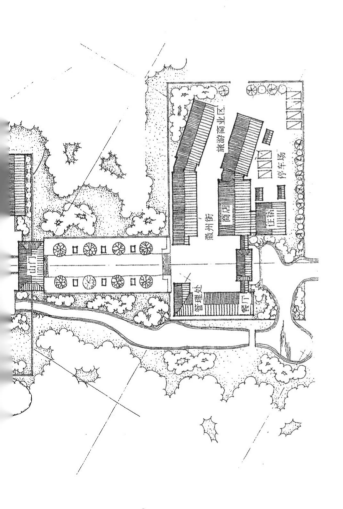

景观设计，是指风景与园林的规划设计，它的要素包括自然景观要素和人工景观要素。陵园景观设计是景观设计中独具特色的一项分支。陵园景观通常需要同时考虑场地的自然因素及人文因素，营造纪念氛围；在植物选择及景观设施搭配方面，也有诸多考究。因此，陵园景观设计历来都是设计师手中的难题，一个能够结合场地的自然而有机生成、兼备功能的陵园景观实属难得。本文以九华山佛国圣地陵园为例，通过分析其文化底蕴、布局特色和造景手法，探寻陵园景观的设计方法和模式；同时，通过调研规划完成数年后的场地现状，对比、归纳其景观变化与发展趋势，希望能为广大的景观设计从业者提供一定的借鉴作用。

九华山佛国圣地陵园坐落于龙泉山的头部，坐北向南，正面朝向于九华山主峰上的月身殿。它是由张浪教授设计团队于2003年设计完成的。陵园三面环山，九华河环流其前，形态壮观，气势磅礴。园址周围地貌极富变化，似有"龙脉"之地气集于此处，其势呈"九龙戏珠"之状。玄武垂头，朱雀翔舞，青龙蜿蜒，白虎驯颊，势奔形应，生气可乘，符合传统风水理论的"稽首天中天，毫光照大千，八风畈不动，端坐紫金莲"的富贵宝地之格局，更是天人合一的永生净土，可谓是相地有法。

注：本文发表于《园林》2019年第6期，题名为《龙脉盘踞的永生净土——九华山佛国圣地陵园景观规划设计解读》。

文化积淀——佛化自然应运而生

　　九华山佛教是佛教徒弘通世俗，导化、融合儒道的产物，是释儒道互动下形成的佛化自然。作为一种文化自然，九华山千百年来承载着民间对地藏精神的信仰，这种信仰及其活动又繁衍了特定的九华山文化。佛教传入中国可追溯到西汉时期，而九华山由于特殊的地理位置，虽受文化的熏陶，但佛文化并没有常住于此。在唐代开元末期，金地藏卓锡九华，闭目苦修，圆寂后肉身不坏，后人建塔供奉，九华山的化城寺在那时被辟为地藏菩萨的灵迹，地藏道场的名声渐渐响亮，这也增加了九华之名气。到了南宋末年，禅宗传入，九华山成为"四大名山"之一。时至近现代，随着九华山佛教协会的成立，九华山佛文化的保护与传播也日渐发展成熟，国内外越来越多的人了解九华山佛教，九华山佛文化依靠旅游等产业的带动真正走向世界。

九华山佛国圣地陵园鸟瞰

引人入胜——纵向中轴布局贯通"龙脉"

九华山佛国圣地陵园通过营造独特的佛文化景观，将殡葬服务与旅游观光相结合，打造功能综合性的陵园景观。其独具特色的佛寺建筑，将佛教文化蕴含其中并传承至今。

沿盘山小道而上，首先映入眼帘的是白石所筑的大牌坊，气势恢宏，引人入胜。牌坊上刻有莲花和翔龙雕纹，牌坊上部正中央题有金色的"龙泉尘境"四字。立于入口处向内眺望，视野极佳，给人一种强烈的对称和纵深之感。园内绿树翁郁，清风徐徐，树叶窣窣作响，禅意油然而生。

由此处牌坊进入陵园，依次为水上亭廊、辅助及管理用房、生肖神道、塔前神道、六和舍利塔、墓穴区域，此线路也构成了陵园的中轴线。由此中轴远望九华山，可获得极佳的观景角度。若站在墓区龙穴，沿中轴南望，便可见九华山之笔架峰，可谓布局巧妙。

在辅助用房区与入口牌坊之间，设有亭廊作为过渡景观。由牌坊进入，正道左侧设一亭，名曰：佛缘亭，伴有四折的曲桥枕于溪上。游人可在此处暂作休憩，凭栏远眺园内诸景；或信步于曲桥之上，聆听潺潺溪声，可静心。亭廊四周植有垂柳、香樟等，黄杨、红花檵木等则均修剪为规整的球状，配上茵茵绿草，令人心情舒畅。正道右侧设有跨于水上的游廊，游人亦可由此廊前往辅助用房区。漫步于游廊中，平静的水面倒映着四周景色，备感空灵宁静。

辅助及管理用房区域功能综合，设施配套全面，其中设有餐厅、小卖铺、停车处、住宿用房、管理用房等。在满足园内工作人员的日常生活需要的同时，也为入园祭扫或观光的游人提供服务。建筑均注重凸显江南徽派之特色，翘檐、红瓦，配合繁茂的花草，尽显光鲜。

穿过辅助用房区便是一段宽约 20 m 的神道，神道两侧设有栩栩如生的十二生肖石雕，寓意生生不息。每一座生肖石像旁都有其独特典故，让游人了解之余，也彰显场地独特的文化内涵。伴随着悠扬的音乐行于神道之中，自有一种超凡脱俗之感。

生肖神道尽头设有山门，穿过山门，便来到一段较为宽阔神道。神道中央设有放生池，东西走向的部分连接了两侧的辅助用房，南北走向的部分则打通了山门与塔区间的通路，是全园重要的交通枢纽。神道两侧种有香樟、广玉兰等高大乔木，亭亭如盖，满目苍翠，令人心旷神怡。

穿过一条更宽的神道，便可走进塔区。塔区设有金刚宝座塔和六和舍利塔。金刚宝座塔是佛教密宗佛塔建筑的一种形式，起源于印度。其建筑风格为顶部有五座塔楼的方形塔座。金刚宝座代表密宗金刚部门的神坛，五座塔代表金刚界的五佛祖。大日如来佛坐中间，阿閦佛坐东面，宝生佛坐南面，阿弥陀佛坐西面，不空成就佛坐北面。此园内的金刚宝座塔大体上是效仿位于北京的大正觉寺金刚宝座塔而建成的。塔的下部是一层略呈矩形的须弥座式的石台基，台基上便是金刚宝座的座身。座位分为五层，每层均有挑出的石制短檐，短檐之下的一周均为佛龛，每个佛龛里坐一尊佛像，佛龛之间被用花瓶纹样的石柱隔开，柱头之间有拱门以支撑短檐。在宝座的北侧和南侧中间各有一个券门，可进入塔楼内部。塔楼中央有一座方形塔柱，柱子四面各有佛龛，但其中的原始佛像已不复存在。在塔楼内部的东侧和西侧，可借由石制阶梯盘旋而上，通往宝座顶部的亭内。亭为琉璃砖仿木结构，其北部和南部也各有一个券门，可以通向宝座顶部的台面，台面周围环绕着石质护栏。水陆道场位于塔的一层和二层之间，是一个面积约 300 m² 、净高度 7 m 的大空间。此道场用以供奉地藏菩萨。骨灰盒存储区则分布于二层和三层的部分区域，面积约 600 m² 。远观金刚宝座塔，仿佛泰山一般稳坐塔区中央，不小的占地面积带给人足够的分量感。

"六和"之原义可以理解为天地及四方，又有说语自佛经"身和同住、口和无争、意和同悦、戒和同修、见和同解、利和同均"，当时钱王以保境安民、不事战事为国策，将塔命名为"六和"。六和舍利塔底层每边边长约 5.7 m ，一层在地下，九层于地上。地下层用于存放高僧舍利。中央部分供奉着地藏王佛像，骨灰盒则存放在二层以上。在造型与细部处理上，以仿密檐式砖塔设门厅。若想从门厅行至后门，需经过地藏王道场，道场约两层楼高，给人开敞之感。紧接其后却是一条幽邃的廊道空间，而从此处走出，便豁然开朗，澄澈的放生池映入眼帘，池中六和舍利塔修长的倒影在水中荡漾，由此处甚至可以放眼远观龙脉，真是令人不禁感叹：柳暗花明又一村。此处设计欲扬先抑，手法玄妙，山、水、塔三者交相辉映，相互交融，形成了塔区之高潮，也体现了空间上的节奏感。

在塔区两侧，是宽约 20 m 的绿化种植区。乔木长势茂盛，四季常青，如绿毯覆盖两侧丘陵。林下设小径，均由石砖铺砌而成，古朴自然。高僧舍利坐于小径两侧，同时点缀花草灌木，再现了中国古典园林的典雅风韵。随时间推移，此时再观塔区，其人文气息也愈加浓厚。

墓穴区位于塔之后，为陵园景观轴线做了良好的收尾。其中设墓穴、藏经阁、辅助管理用房以及可供休憩的小亭等建筑，配合着周边的苍翠古木，营造庄严而宁静的氛围。来此祭拜先人，更能寄托哀思，沉浸于回忆。

陵园整体设计围绕主轴线展开，同时也在其中穿插安排次要轴线进行景观布置，如放生池及墓穴区，便设有东西走向的横向轴线，使得整体景观更富有层次和节奏。游人从不同轴线观景，也能获得不同的感受。

仙人净土效果图

精妙设置——中部塔寺融于自然，巧夺天工

　　若是说到陵园中设计最为精彩的部分，那非塔寺区莫属。在其东北面的水系曲折有致，蜿蜒回转。水体依山，游人拾级而上，便可俯瞰全园之景。塔影山色，倒映水中，展成绝美画卷。山中，有跌水层层淌下，漫步其旁，听着潺潺水声，愈显园静山幽。若是循着水流溯其源头，发觉好似没有止境，而水面又与山势相连，令人萌生一番趣味，好奇这水从何而来，令人不禁称道：真是"虽由人作，宛自天开"啊！从规划平面上看，山水安排有收有放，变化丰富。塔寺区的东南面为三组下沉式广场，其均依靠独具特色的小品及雕塑，配合细部的节点设计，凸显各自的主题。三者相互交融，浑然一体。在这三组广场的南北两侧，各设有一座庭院。南端庭院模仿明清时期的江南古典园林，古朴典雅，独具韵味。北段则为旱庭，顺山势延伸，意蕴无穷。

　　时光荏苒，九华山佛国圣地陵园由于殡葬需求的日益增加，很多区域已非当年模样，但绝大多数建筑和设施依然伫立原位，饱含历史积淀的分量。其整体上规整却不失自然的布局，更彰显了设计师对场地的独特见解和把控，值得广大园林设计工作者的学习。

　　地气汇聚，"龙脉"长存，佛化自然，相由心生。设计者们通过内心感受佛学文化，将禅意与地气相结合，旷山幽水，隐亭小径，无不更显空灵宁静，令人仿佛脱于世俗之地，步入禅境，与圣者们进行心灵上的交谈。

山脚下园林化的陵园空间

陵园入口

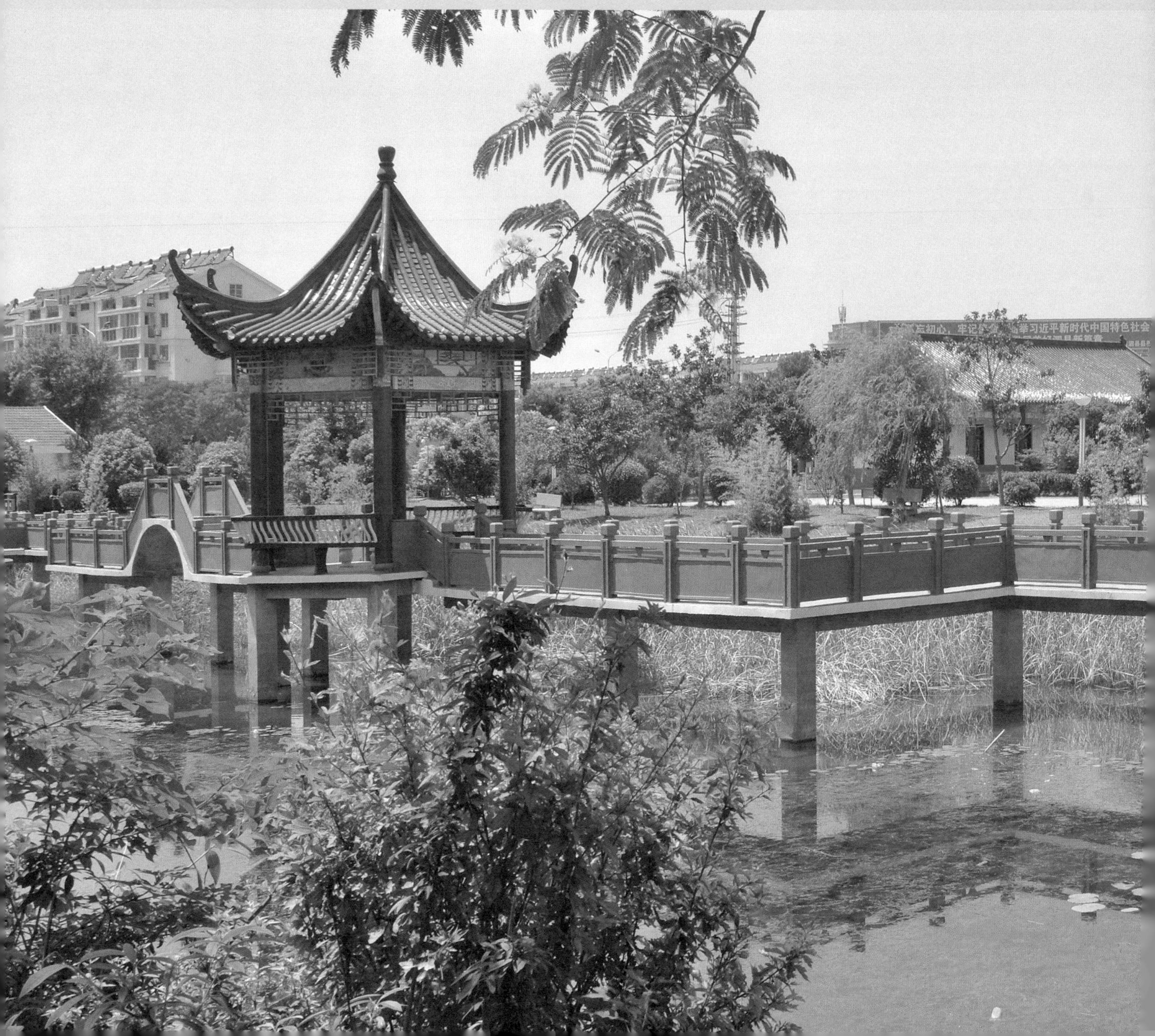
忘初心，牢记
习近平新时代中国特色社会

宿州市泗县烈士陵园改扩建规划设计

Reconstruction and expansion planning and design of Si County
Martyrs Memorial Park, Suzhou

项目地点　宿州市
项目规模　7.00 hm²
设计时间　1992 年

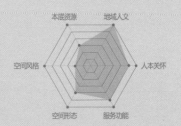

有机生成设计要素影响权重分析图

宿州市泗县烈士陵园改扩建规划设计
Reconstruction and expansion planning and design of Si County Martyrs Memorial Park, Suzhou

❶ 一马当先　　❻ 文武英才　　⓫ 赏镜廊　　⓰ 壮志英雄
❷ 显德林　　　❼ 绿荫归处　　⓬ 烈士陵墓　　⓱ 九曲浮涟
❸ 步义道　　　❽ 勇武亭　　　⓭ 忠贞台　　　⓲ 观漪亭
❹ 典范廊　　　❾ 纪念馆　　　⓮ 踏波台　　　⓳ 枕流桥
❺ 厕所　　　　❿ 众志成城　　⓯ 长存浩气　　⓴ 游客管理中心

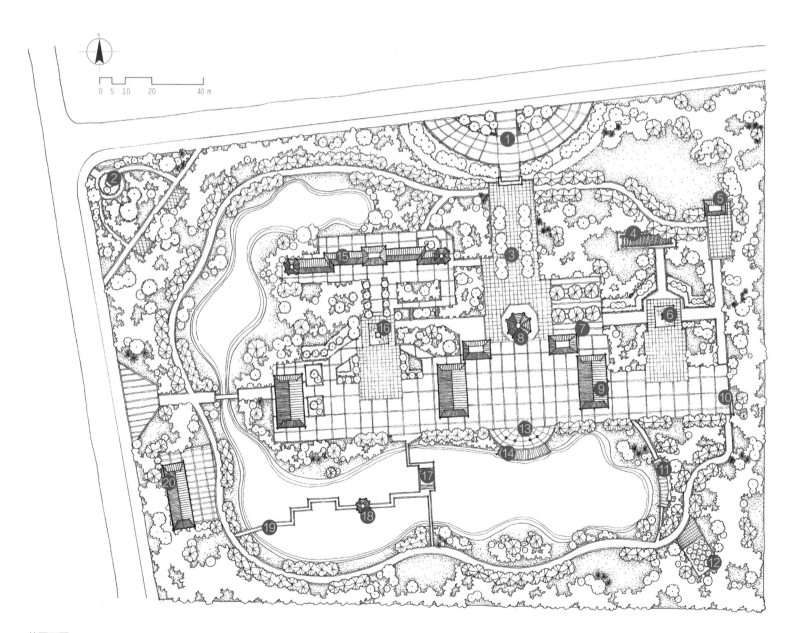

总平面图

风景园林设计讲究以人为本，其最终是为场地的使用者服务，因而在设计生成中，在满足场地一般功能的同时，须特别注意场地的人本关怀。设计中，须将使用者的行为心理作为重要因子，以满足不同使用者的不同需求。同时，结合场地功能特征，注重塑造场地独特的场所精神，赋予场地精神内涵。本文以安徽泗县烈士陵园为例，阐述功能有机和人文有机在场地景观营造中的运用。

泗县烈士陵园位于安徽省宿州市泗县经济开发区，占地7.00 hm²，是由时任安徽农业大学风景园林系主任的张浪教授创作设计改造完成，是安徽省爱国主义教育基地，属于红色旅游单位。与中国传统烈士陵园只注重营造纪念氛围而忽略其他功能不同，泗县烈士陵园既保持了传统纪念序列空间，也通过增加园林景观小品、水体、植物的营造，打破传统，将爱国主义纪念教育和休闲观赏功能有机结合起来，使泗县烈士陵园在保持庄重、朴素、大气、现代的整体风格的同时，注意场地的人本关怀，同时有机结合多种园林要素，成为一处集教育、宣传、游览于一体，思想内涵深刻、功能布局完善，兼具"红色记忆"与"园林之美"的纪念性城市公园。

注：本文发表于《园林》2019 年第 3 期，题名为《艺术设计点亮红色记忆——对安徽泗县烈士陵园的设计解读》。

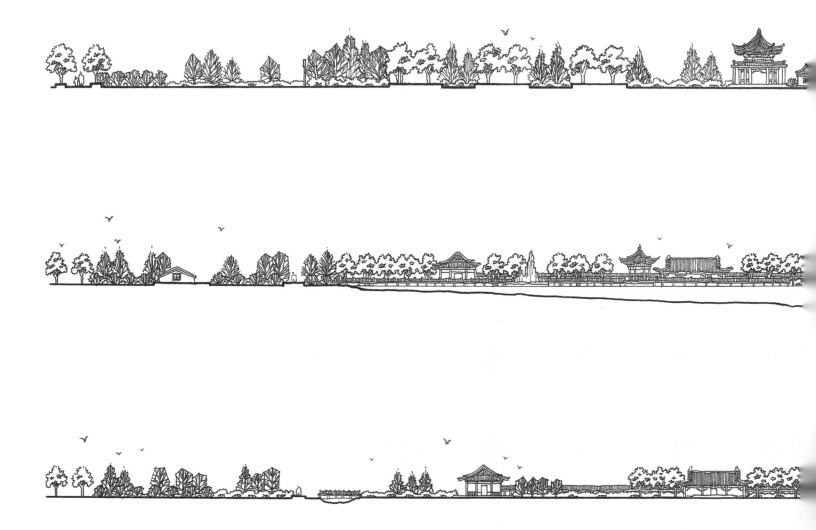

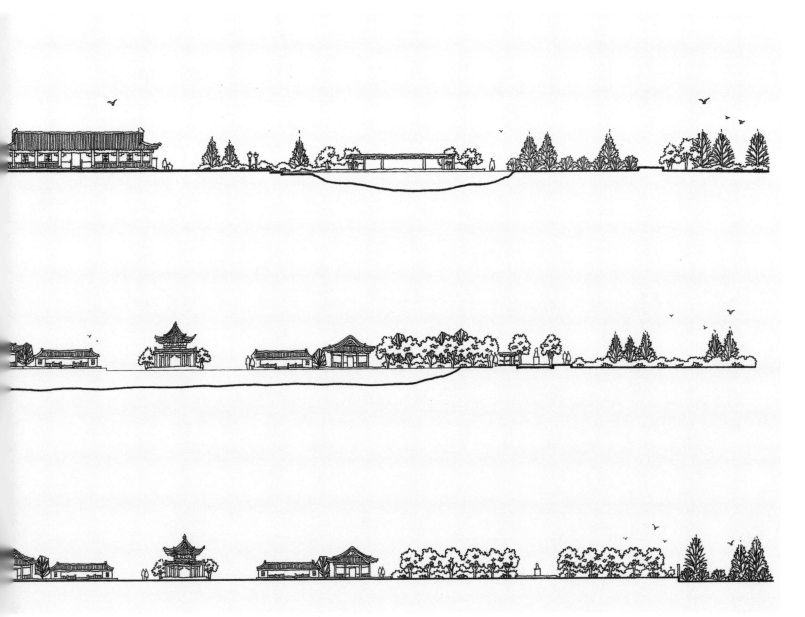

剖面示意图

抗战英雄一腔热血

"八年抗战，奋身浴血"，在以泗县为中心的皖东北抗日根据地上，无数英勇的民族战士用自己的热血在泗县这片土地上浇筑了一座崇高的"抗日丰碑"。

"为民族，为群众，二十年奋斗出生入死，功垂祖国，打日本，打汉奸，千百万同胞自由平等，泽被长淮。"作为无数英灵中最闪亮的那颗将星，被毛泽东、朱德誉为"共产党人的好榜样"的彭雪枫将军投身革命 20 年，穿过草原、渡过黄河、攻过城池，于 1944 年在泗县与敌人的战争中不幸中流弹牺牲，时年 37 岁。

"拼将瘦骨埋锋镝，常使英雄祭血衣"，江上青烈士面对日寇侵略无私无畏，在皖东北抗日根据地积极传播革命和抗日火种，在艰难的形势下仍然坚持在抗争的第一线，并于 1939 年遭到地主反动武装伏击，在泗县这片光荣的土地上献出了自己年轻的生命。

为了纪念以彭雪枫将军、江上青烈士为代表的为国牺牲的英灵，在泗县这片承载了无数血与泪的红色土地上，泗县烈士陵园提供了一方天地让后人们可以在这里去聆听、去寻觅、去追忆那些光荣的往事。

红色记忆代代相传

纪念性景观是人类最早的景观形式之一，厚重的语义是它自身的特点，各类形式的纪念性空间在人类文明进程中有着重要而又深远的意义。红色往昔是历史给予泗县的馈赠，设计者对原场地进行改造时，在满足一般城市公园绿地功能的基础上，开展地域人文要素的有机生成，向游览者传递出那段红色历史的厚重语义，唤起游览者对抗战过往、对民族先烈的追思，是这次改造设计中至关重要的一步。

注重保护珍藏红色基因

"因地制宜，随势生机"，在对纪念性公园进行景观改造时，首先要尊重原场地的地形地貌、合理规划水系与骨架。作为安徽省爱国主义教育基地，对烈士陵园进行保护性建设是首要原则。泗县烈士陵园的建筑面积约 1 hm²，陈展面积约 1 000 m²，馆藏资料近 2 000 件。为了让游览者能在移步换景之中自觉地去学习、缅怀、思索和悼念，设计者运用了多样的手法来展现历史、渲染氛围。

一入园，映入眼帘的便是开阔广场，穿过庄严肃穆的纪念大道，张爱萍题名的"雪枫亭"翘然耸立。步入亭内，陈毅的题词《哭彭八首》被雕刻在檐壁玉石上，烈士的丰碑静静地伫立在亭子东西两侧的碑廊内。越过庭廊，开阔的广场上 3 座烈士纪念馆错落有致，从左至右分别是彭雪枫纪念馆、综合馆、江上青纪念馆，烈士的资料、遗物、烈士英名录等珍贵资料都收藏于馆内。走出纪念馆，站在开阔舒朗的广场上，远处是记录着战士们战斗英姿的景墙，眼前是一片静水、一弯九曲桥、一座湖心亭，让人忍不住在这静谧、安详的空间中品味起入园来的领悟及浓厚的红色文化。

与只追求体量，不注重内涵的旧式表现手法不同，泗县烈士陵园将纪念元素有机地融入不同的空间中。园中的每一处庭廊、每一座建筑、每一尊雕像都紧扣主题，表达了对先烈的纪念和追思，让不同的纪念元素在表现先烈事迹的同时，也能使游览者感同身受、深切悼念。

合理布局产生共鸣

泗县烈士陵园根据"功能引导分区布局"的原则，利用"L"形主线串联，将全园划分为自然休闲区、碑陵纪念区、文化纪念区、滨水景观休闲区，并以文化纪念区为核心，延伸出的环线贯穿全园，其上串联了多处红色文化体验景点，四周环绕着绿化带，形成隔离保护屏障，共同构成了完整的生态布局结构。

其中，文化纪念区作为全园的焦点，是红色历史和革命精神集中展示的区域，也是全园的内在灵魂所在。纪念馆前的中心大广场既是游人主要的活动区域，也是纪念性景观的主要载体。广场并列设置了江上青铜像、彭雪枫纪念亭、彭雪枫铜像，与临水的三座纪念馆共同形成了两条平行的"文化体验轴"，纪念氛围最为浓厚。

全园还通过环形道路将休闲区域和纪念性小场地串联，力求在尊重传统纪念功能、纪念空间和纪念环境的基础上，通过将开阔与压抑、肃穆与休闲、自然与人物、建筑与广场空间进行变换，用空间对比形式的变化营造出更容易与人产生共鸣的精神场所。

纪念性景观作为一种物质载体和形式符号，首先要获得参观者的感知，并与参观者达成共鸣，这也正是设计者与参观者的沟通，只有良好的沟通才能发挥其作用。这种通过景观空间的序列安排，让游人在感受到压抑、肃穆的氛围之后，能以舒缓轻松的节奏结束，使人深思：不是单一的纪念空间形式或是一味向游览者灌输文化内容，而是通过雕塑、水景、植物等景观的营造，注重游览者的体验感，渲染氛围，将教育自然地融入纪念中。

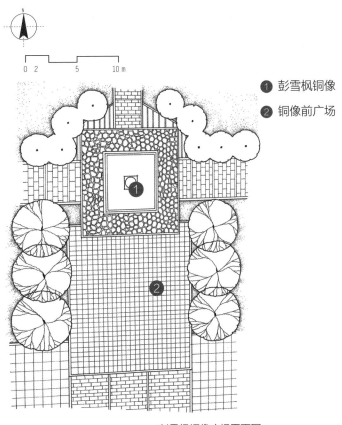

① 彭雪枫铜像
② 铜像前广场

彭雪枫铜像广场平面图

彭雪枫将军铜像

江上青烈士铜像

园林之美，功能多元

在人本关怀要素的有机生成中，需要综合考虑个人行为、群体行为与社会行为对于场地景观环境的不同需求，并在设计中予以反馈，提供发生必要性活动、可选择性活动和社会性活动等各类活动的丰富空间，激发景观环境中人们观看、参与、交往等多种行为可能。泗县烈士陵园在保持传统纪念序列空间不变的情况下，打破传统红色旅游中循规蹈矩的游览模式，摒弃单调乏味的陈列方式，用艺术性的各种雕塑、小品烘托氛围，增加趣味性、娱乐性和观赏性，并用人工理水、美化林相和园林小品等措施来提升游览环境，增加陵园的观赏性和休闲的舒适度，让全园在保有红色纪念和教育功能的同时，也能面向市民，兼顾起城市公园该具有的实用性。

点景小品，拉近距离

人性化的景观更容易让人产生共鸣，得到精神上的愉悦感受。景观小品对于景观的情景创设具有重要作用。它们不仅可以是被观赏的小景，同时也对烘托气氛、传递信息、增强场地文化内涵起到了至关重要的作用。精致的雕塑、古朴的建筑、复古的亭廊都有机地结合了泗县烈士陵园的精神特征。

雕塑是纪念性景观设计中充分表达主题的方式之一。早期我国许多烈士陵园的建设多采用庄严、威武的高大雕塑或立柱，通过一定的高度差给人以威慑，让游人心生敬仰之心，泗县烈士陵园摒弃了宏大的景观格局规划，而是通过设置尺寸适宜的景观小品，将多处景观结合花盆、景墙等元素，丰富空间变化的同时，提高空间深度值。核心纪念区中的江上青铜像、彭雪枫铜像均是按照一般人体高度设置尺寸，让游人微微抬头就能瞻仰革命烈士遗容。这种人性化的设计不仅拉近了人与战争年代人、事、物的距离，而且还让人感受到了平等、亲近，从而更容易走进那个年代，切身感受当时的人物和事迹。

园中设置了廊桥、亭台，或在平静的池边，或在宽敞的广场一侧，既给景观增添了一分观赏性，也让游人在这趟"红色之旅"中能停下脚步，回味、思索园内的红色精神。这些亭廊还是周边市民们的休闲娱乐场所，如下象棋、聊天等，其乐融融。

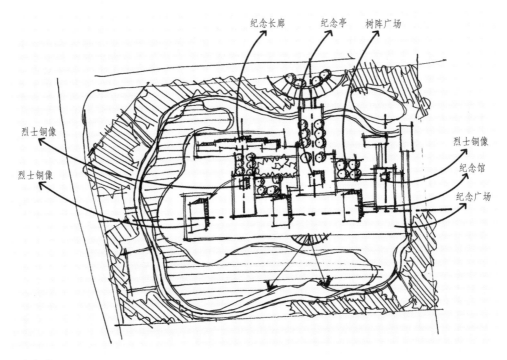

局部细化

近、中、远景观层次

1. 节点丰富，寓教于乐

泗县烈士陵园中的特色节点多为开放式广场，间或点缀了树阵和景观小品。设计者不仅考虑一般意义上场地对舒适、健康和行为的需求，还需理解人和场地系统中的社会、文化和精神的价值，把场地本身所具有的人文内涵和游憩、观赏功能有机结合起来。

如中心纪念广场开敞的区域设置在三个纪念展区之下，其通过空间的连接变换，让游人转换心情，引发深思。同时大面积开阔的广场还承担了附近居民的户外活动，结合广场两侧的软质景观和雕像、景墙，大大减弱了传统陵园的神秘感和郁闭度，给场地注入了生机，体现了城市公园的文化形象和功能。

在纪念性公园中，特设的水景可以使整体景观灵动而富有生气，不再死气沉沉，有利于打破参与者与沉重的纪念性主题之间的距离。泗县烈士陵园的滨水景观区以中心大水面为核心，其上设置了九曲桥和湖心亭，湖边设置了亲水广场和景观廊架，整体与文化纪念区的广场、建筑互为对景。作为全园的中心区域，水景、纪念广场、纪念馆和入口形成了一条代表全园形象的景观轴线，汇聚了全园的游人，既满足了教育纪念功能，也满足了市民游览休憩的需求。一弯池水弱化了陵园肃穆、庄严的氛围，给全园增添了温婉、雅致的意境，让游人享受自然带来的舒适和亭廊带来的悠闲，回味历史所给予的余韵。

除此之外，庄严静谧的烈士碑林区隐蔽在树丛后，待游人发现观瞻。这些特色节点，结合了全园的规划布局，富有深厚的文化内涵，让游人在游览的过程中寓教于乐，享受多元功能。

2. 移步换景，美不胜收

　　泗县烈士陵园在原有景观的基础上，用环线串联了全园交通，其上布置了开敞的广场、郁闭的墓碑园、静谧的水景，雕塑、亭廊及桥梁等，或藏在浓密的树林中，或舒或密地出现在路边，以利于游人获得不同的游览体验效果；结合多样的植物，让景观流线充满了节奏感，通过开朗和幽闭空间的有序转换，让人在游览参观之余，感受丰富多彩的景致。

　　其中，植物景观的营造对于陵园景致的变换起到了重要作用。不同品种的植物可营造出不同风格的情景特征，与地域环境紧密结合。如园内多运用了松柏、香樟等常绿植物，以增加纪念性公园的庄重肃穆感，周围片植红枫、鸡爪槭等色叶树增添色彩，在保证公园庄严的同时保证游人步移景异的效果。全园根据场地空间的不同特色和功能，配置特色各异的植物，营造别样的游览体验效果。入口处的景观大道，设计者使用了冠大阴浓的香樟，营造肃穆的氛围，奠定了全园的基调；中心纪念广场采用落叶树种搭配低矮灌木，既弱化了广场的硬质边界，亦增强了观赏性；其他园区结合亭廊、景观小品并点缀观叶、观花类的小乔木，增强氛围。

　　泗县烈士陵园成功之处在于改变了我国传统陵园纪念形式单一、功能缺乏的不足，根据风景园林设计有机生成论为基本方法，将人文有机和功能有机结合起来，让泗县烈士陵园具有红色纪念功能的同时，亦成为一处集游览、休憩等功能于一身的城市公园。即使十年已过，泗县烈士陵园仍然是泗县这片光辉的土地上的一抹亮丽的"红色记忆"。

彩叶植物应用丰富入口景观

游廊内视线

革命烈士英名录

烈士纪念墙

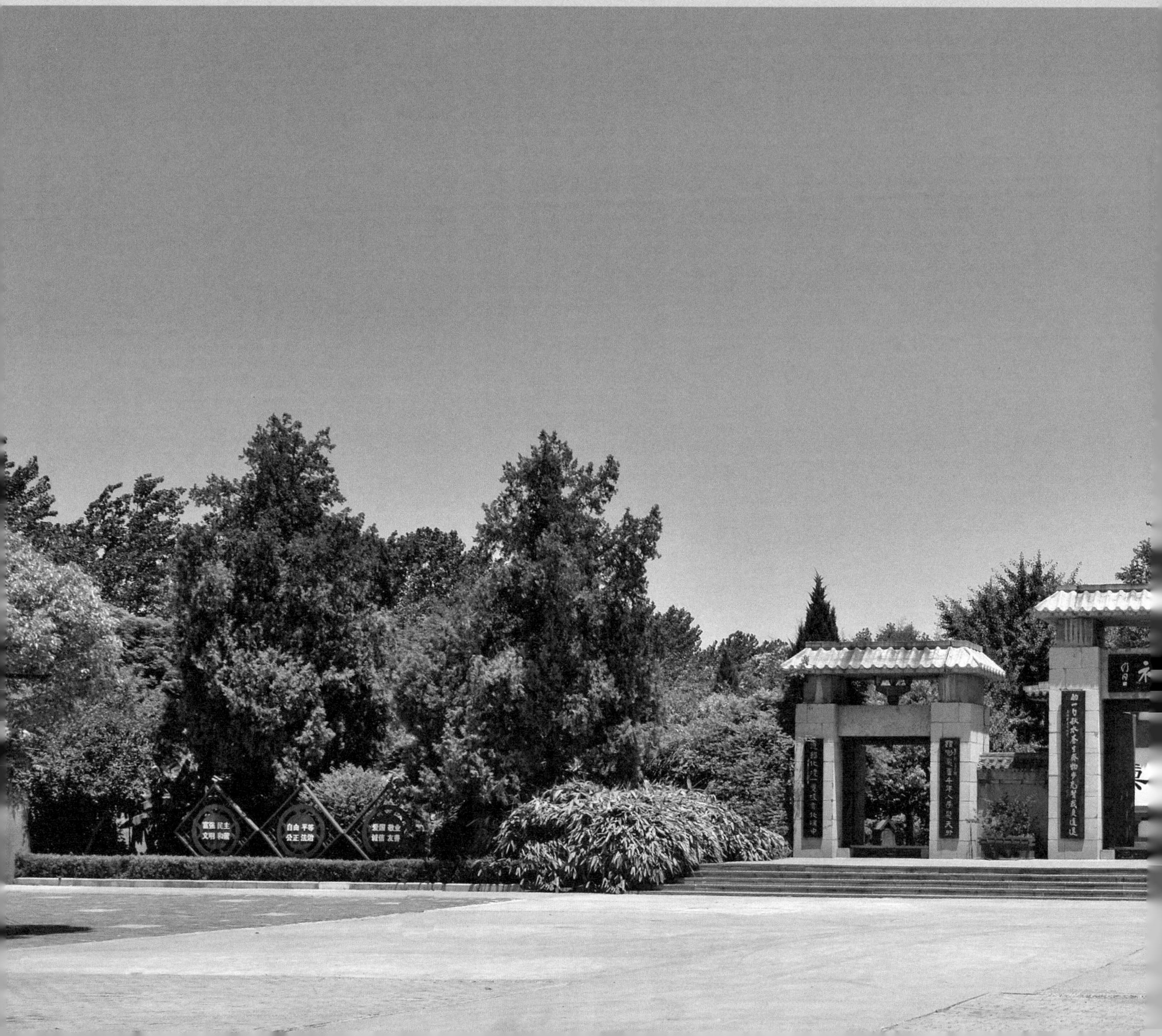
富强 民主
文明 和谐
自由 平等
公正 法治
爱国 敬业
诚信 友善

亳州市蒙城县庄子祠环境设计

Environment design of Chuang–tzu Ancestral Temple,
Mengcheng, Bozhou

项目地点　亳州市
项目规模　3.47 hm²
设计时间　1994 年

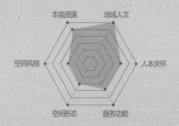

有机生成设计要素影响权重分析图

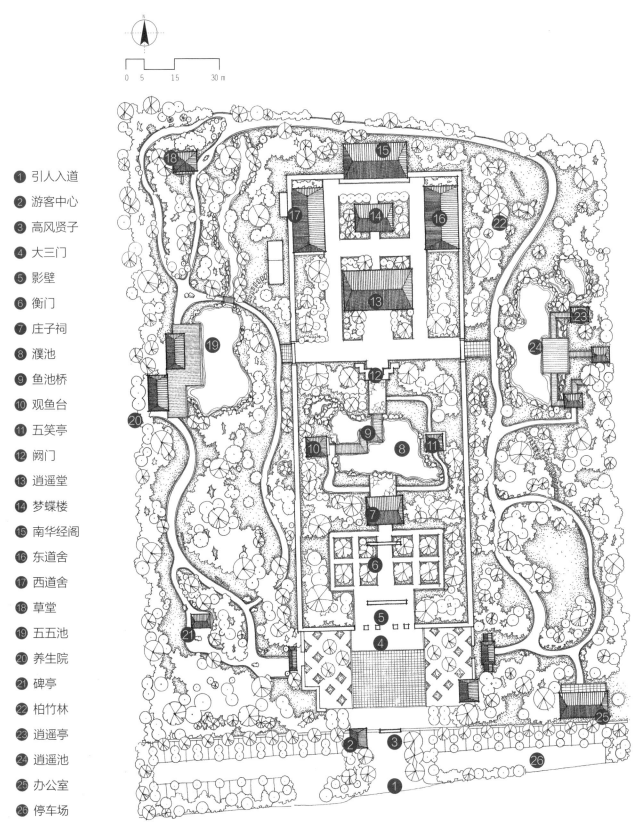

1 引人入道
2 游客中心
3 高风贤子
4 大三门
5 影壁
6 衡门
7 庄子祠
8 濮池
9 鱼池桥
10 观鱼台
11 五笑亭
12 阙门
13 逍遥堂
14 梦蝶楼
15 南华经阁
16 东道舍
17 西道舍
18 草堂
19 五五池
20 养生院
21 碑亭
22 柏竹林
23 逍遥亭
24 逍遥池
25 办公室
26 停车场

总平面图

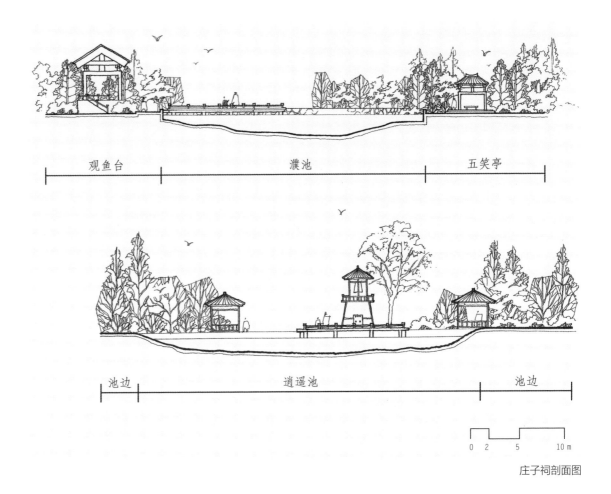

观鱼台　　　　濮池　　　　五笑亭

池边　　　　逍遥池　　　　池边

0　2　5　　10 m

庄子祠剖面图

景观设计在于利用土地及地表地物、地貌等资源，以满足人及人群需求为目的，综合协调山石、水体、生物、大气以及城市、建筑构筑物、场地人文等环境因素，进行空间再造的人类活动之一，所塑造的景观类型千姿万态，其中庄子祠隶属于人文景观。人文景观可解读为人文和景观，人文可以指包括建筑、音乐、历史名人等值得被传播和继承的文化，而景观可比拟成自然资源与人类活动相磨合的存在，它包含了视觉效果，既是对美的呈现，同时也满足着人们在日常生活中对物质精神等方面的需求，从而人文景观可理解为将文化特质叠加在自然景观中而构成的景观。

庄子祠坐落在安徽省亳州市蒙城县县城北漆园办事处，总占地面积 3.47 hm²，其分为建筑与景观部分。建筑由蒙城县政府在宋代庄子祠旧址上新建，总建筑面积为 1 086 m²。景观部分由张浪教授团队创作设计完成，于 2011 年被评为国家 AAA 级旅游景区。庄子祠内含有大三门、影壁、山门、逍遥堂、古衡门、濮池、五笑亭、观鱼台、鱼池桥、梦蝶楼、南华经阁、东西碑廊、道舍、客舍等主要节点，均与庄子思想、庄子典故相结合，将人文完美地融入场地与功能之中。

注：本文发表于《园林》2019 年第 8 期，题名为《庄子祠恢弘建筑流露幽幽"道"意——对安徽蒙城庄子祠的设计解读》。

命途多舛的建筑历史

　　景观是历史不断积累的产物，亦是不断生长的有机体，庄子祠便是一处有机体。据了解，庄子祠在北宋元丰元年（1078 年）进行首次建设，由当时蒙城知县王竟为纪念庄子而萌生想法，筹集善款，并诚邀当代文豪苏轼为此提笔撰文，具体位置于涡河北岸漆园城，而后不幸被河水冲毁。于明代万历九年（1581 年），蒙城知县吴一鸾在原址的基础上进行复原，当时便有逍遥堂、梦蝶楼、鱼池桥、观鱼台、道舍等与今同名的建筑，布局严谨，规模宏大。

　　随后崇祯五年（1632 年），知县李时芳修缮了逍遥堂等已毁建筑，并扩大面积，加设对岸五笑亭，为重现庄子垂钓情景，并挖池注水添濮池、架鱼池桥。后世乱屡遭破坏，暗淡消逝，所剩不多。现在所见的庄子祠是当地政府在宋代遗留下来的庄子祠旧址上新建而成，全祠由祠堂建筑群与万树园两大部分构成，其中建筑与景观节点颇多，相辅相成，主要建筑分为三处，前有大三门、影壁、古衡门等入口建筑，内有庄子祠前堂、观鱼台、五笑亭等园林建筑，后有逍遥堂、梦蝶楼、南华经阁、东道舍、西道舍等祠堂建筑，各司其职，缺一不可。

中轴对称的大气布局

　　祠堂建筑群与万树园两部分构成别具一格的庄子祠，建筑构成的中轴线从南至北贯穿全园，大三门、影壁、衡门等入口建筑与逍遥堂、梦蝶楼等高台楼阁皆在中轴线之上，左右对称，强调着庄子祠这一纪念性景观的庄重感，而自然式万树园则列于其东西两侧，以曲折多变的园路、自然驳岸的水池及临水而建水榭布置其中。

　　庄子祠建筑的"高"和"大"为其重要突出的形态特征，逍遥堂、梦蝶楼、南华经阁等主要建筑规模宏伟、主次分明，在眼观视角上高低错落，形成跃然之上的姿态，且建筑体块之间各自通透却又连贯，视线在内外空间交汇，尽显庄子的雄浑气魄。

　　东西两侧万树园郁郁葱葱，一池一亭、一草一木皆充满自然野趣，让人置身其中，深深感受到庄子汪洋恣意、意出尘外的思想理念。

入口大三门

庄子祠前广场

厚重深远的道教底蕴

　　庄子生活于战国末期，是我国历史上著名的思想家、哲学家和文学家，著有《庄子》，其在我国哲学、思想以及文学的地位极高。然而，很长一段时间以来庄子的思想并不被人推崇，直到宋朝，他淡然于世的人生观、超脱玄妙的世界观才得到世人的认可，并留下了例如"庄子梦蝶""邯郸学步""井底之蛙"等许多广为人知的典故，发人深省。虽说庄子故居到底在何处争议颇多，但不可磨灭的是蒙城这座城市对庄子的敬仰。为纪念这位伟大的思想家，现存庄子祠内建筑和景点的建造都与庄子以及他所代表的道教文化息息相关，譬如逍遥堂不论从室内庄子像亦是室外自然风光，皆透露出庄子无拘无束、超脱万物、与自然合二为一的超然境界。

梦蝶楼及庭院景观

协调并进的人文景观

对于人文景观而言，文化的留存是不可怠慢的。庄子祠内的建筑、景观、雕塑等新旧并存，其中苏轼《庄子祠记》残碑算是历史遗迹，是祠堂内现存最古远的文物。据历史学者研究，此碑是当时蒙城知县王竟为记录修建庄子祠这一纪念性举措而盛邀文豪苏轼撰写了《庄子祠记》，刻于石碑之上，此碑历经了战乱破坏、岁月磨损，仅留存下了部分石碑，但依旧可想到当时庄子祠人声鼎沸的盛况。不同于石碑的遗址、影壁、古衡门等后建构筑物仍有浓厚的文化气息，庄子自由精神与天人合一的"逍遥游"暗喻在"法天贵真"四字箴言内。庄子祠这一纪念性景观最为通俗易懂的人文有机是庄子生平典故与其内建筑、景观相契合，广为人知的两则故事为"庄惠论鱼之乐"和"庄周梦蝶"。祠堂内的园林主景旨意于重现庄子与惠子在梁桥之上畅谈之景，内含观鱼亭、濮池、五笑亭等节点，游人穿梭其中，实有历史重现之意。人文有机不局限于景观与历史遗迹的结合，如何将新建景观融入人文关怀，打造文化底蕴对现代景观更有思考价值和研究意义。

路边主题小品

与时俱进的功能落点

不论景观建成的初衷是宣扬文化，抑或保存遗址，其本质皆是景观，从而满足游人功能需求是必须考虑的。庄子祠修建地点虽不属蒙城县的中心区，其周边居民亦不多，但其是蒙城的一处重要文化旅游景点和城市名片，游人所需基本功能得到满足。庄子祠的结构布局以中轴为核心，左右布点辅助。最具集散功能的一处便落在中轴之上，即是濮池观鱼之处，游人可在木桥驻足到赏鱼，可在观鱼台攀谈休憩，亦可在五笑亭内听闻趣事。如若碍于人头攒动，可移步至中轴东西侧的万树园。万树园模拟自然野趣风光，植被占地偏多，偶有几处亭廊休憩之处，在此远眺颇有自然公园之景。游人在万树园内，可游走，可瞻望，可休闲，万树园填补了濮池之处所缺失的静谧之境。

层层叠进的玄关深处

庄子祠无论是建筑室内抑或是园林室外，空间的可塑性极高，有如罗马竞技场般的开阔，也有留园入口般的曲折多变。于庄子祠这处建筑与园林和谐融合的祠堂，其入口为三个大门组合而成，中间为主门，两侧为侧门，周边的观花观叶植被攀爬之上，倒是削减了些祠堂的庄重，多了份园林的柔美。

从前广场可见主门后方是一座影壁，高约 3 m，宽约 6 m，影壁下设计有石座，上嵌黑色大理石，壁正面刻"瀍（法）天贵真"四字，这是提倡推崇道家思想的唐玄宗李隆基的平日真迹。"法天贵真"，源于《庄子·渔父》篇，表达了庄子主张自然、秉持自我本真的思想境界，同时亦是庄子对美的最初启发，其信于尊重自然、顺从自然、听从天意，便可以回归本真，即使未曾进入，亦可想象庄子祠内返璞归真的自然意境。

影壁之后相隔数株银杏则是古衡门。衡门，喻指为贫者所居、隐者所居，谓之"衡门之下，可以栖迟"。衡门上的题字为"澹然无极"，字体古朴不乏真意。随后便是书写着"庄子祠"三字的前堂，左侧上联刻有"至文原不朽"，右侧下联刻有"大用岂无功"，庄子的淡然闲趣渗透于祠堂的一砖一瓦、一树一叶之中。

大三门将人流由开阔的前广场引入其中，绕过影壁，穿过古衡门，踏出前堂，这般层层推进的入口空间变幻莫测、收发自如，游览入内祠堂正景呈现于眼前，对比之下，水榭廊桥更显大气磅礴、自然柔美之意。

衡门

怡然自得的濮水观鱼之乐

在庄子祠对称的中轴线上，一处由濮池、鱼池桥、观鱼台、五笑亭等多类型的景观要素构成的园林主景显得尤为重要。此处沿用了多个庄子典故，譬如五笑亭来源于庄子梦蝶、濠上观鱼、鼓盆而歌、讥骂曹商、材与不材这五个典故；濮水之上观鱼台的修建则源于庄子与惠子游于濠梁之上的典故，濮池则典出《庄子·秋水》之庄子垂钓，表达庄子向往自在，想要突破自我的束缚，以追求无我、摆脱凡物的高尚境界。

这处别致的景观的承载者——濮池，大体为东西宽南北窄之形，它所呈现的幽深细长在于东南角的水头与西北角的水尾，在有限的空间营造无限的遐想意境。观鱼台位于濮池正西侧，五笑亭位于正东侧，形成一高一低的对景。"因地制宜，随势而起"，指设计需要依据地形变化来做出相应调整，由西侧的观鱼台缓缓降低地势至东侧的五笑亭，更成全了游人观鱼的视角。游人在鱼池桥上来来往往，时而低头观鱼，时而高声谈笑，像极了庄子与惠子在谈论着，庄子曰："儵鱼出游从容，是鱼之乐也。"惠子曰："子非鱼，安知鱼之乐？"庄子曰："子非我，安知我不知鱼之乐？"惠子曰："我非子，固不知子矣；子固非鱼也，子之不知鱼之乐，全矣。"庄子曰："请循其本。子曰'汝安知鱼乐'云者，既已知吾知之而问我，我知之濠上也。"

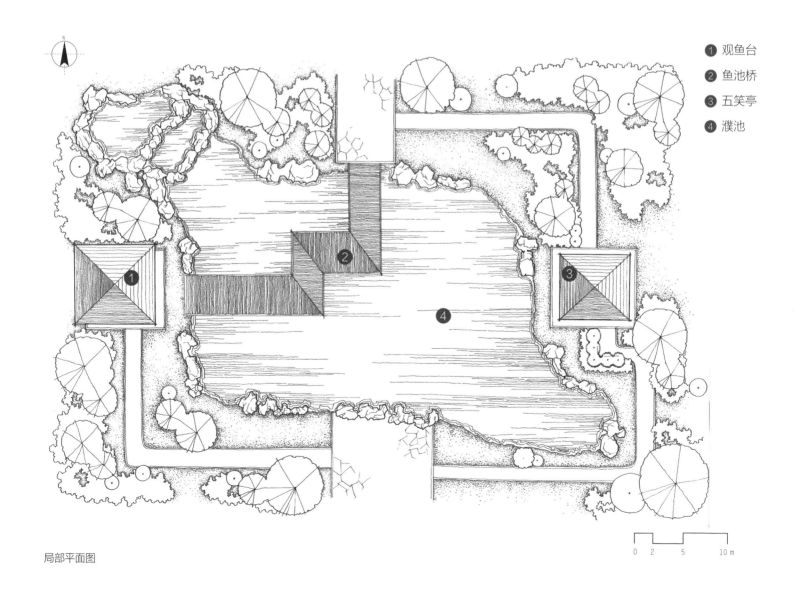

① 观鱼台
② 鱼池桥
③ 五笑亭
④ 濮池

0 2   5   10 m

局部平面图

濮池

严谨庄严的祠堂建筑

　　若将庄子祠看作具有生命特征的有机体，那内部的建筑组成部分则是有机体的内部基因。庄子祠后院以逍遥堂、梦蝶楼、南华经阁为主轴，东道舍、西道舍各位一侧。

　　逍遥堂，为祠堂内最恢宏的主体建筑，取名于《逍遥游》。《逍遥游》是《庄子》的开篇之作，其表述的是一个无拘无束的自由状态。堂前匾额上的"道"字源于庄子，塑造传递着闲适无求的生活态度，颇受追捧。进入逍遥堂内，有一尊汉白玉庄子坐像，居于正中，高约 3 m，左捻胡须，右握竹简，蹙眉展望，兴许思考着观鱼之乐，或是梦蝶之奇幻，再或许是在张望来往的客人，欲请其来探讨几番。逍遥堂的两侧乔木列植二排，包围着堂前的广场空间，使得此处幽静惹人驻足，众多游客均会选择在此休憩闲聊，当下与庄子同处一堂，静思人生。

　　梦蝶楼为一座二层的阁楼，位于逍遥堂之后，取名源于《庄周梦蝶》而来，典出《庄子·齐物论》，楼内有一尊"庄周梦蝶"锻铜雕像且有记录梦蝶的原文《齐物论》。楼内绘制了庄子降诞、老子点化、辞官布道三幅大型壁画，二楼收藏着庄子生平的物品资料，主要为研究庄子事迹的重要文献。楼内置有三块山石，刻写着不同样式的"和"字，迎合着庄子所推崇的三和境界，即天和、人和、心和。梦蝶楼外简单点植两株松柏，以衬托建筑的硬朗和宏大。

　　庄子曾由唐玄宗赐号于"南华真人"，且其有一著作《南华真经》，故设计者在祠堂内设置了一处名为南华经阁的建筑，用于收藏庄子相关珍贵资料。南华经阁两侧的东道舍和西道舍用于展览庄子相关的展品，用于宣传道家思想、庄子文化及地方文人相关的文学作品。自然的园林景观给予人的是一种舒适的环境，那么这组建筑则是维持着祠堂该有的庄重气氛。

观鱼台

逍遥亭

逍遥池

回归本真的万树园景

　　不同于祠堂建筑的庄重，在其东侧和西侧则是充满野趣的万树园。东侧的万树园呈内向空间布局，外围由一圈植被包裹着，内部布置有一汪不大的池子，池边有一处名为逍遥亭的休憩空间。逍遥亭为二层楼阁，时常有人经过此处，或是在此停留片刻，依靠着绿色的荫凉，眼望着枯败的荷花，荷池中甚有几只仿真野鹤，欲图展翅高飞，此情此景虽不如春景如花，但惹得游人皆愿停留细品。从野趣风光走出，沿着园林散步，进入的场地则如当代公园般的简洁舒适，但却更胜一筹。路侧时有石器小品，伴着泛黄的枝叶，引人驻足。万树园的西侧亦是如此，偌大的园林空间穿插着水榭亭廊，和谐包容。庄子祠东西两侧之万树园的营造极尽还原自然之美感，恰恰对应了庄子对于自然和本真的追求。

　　庄子祠旨意于纪念庄子其对世人的影响和贡献，设计者将祠堂建筑与园林景观完美地融合在一起，不同传统纪念性建筑的严肃刻板，亦不同于典型园林景观般的松弛无序。在此基础上，设计者将人文有机（庄子的思想典故）和功能有机结合起来，既满足了对于庄子思想的纪念和宣传，同时满足了周边居民的功能需求，再则对于外来游客起到城市历史气氛的渲染，多方位的结合激活了这片历史悠久亦是重生多彩的土地，实现场地的永续利用和可持续发展。

逍遥堂

五 森林公园

CHAPTER 5 / FOREST PARK

浮山国家森林公园规划

Landscape planning of Fushan National Forest Park

项目地点	铜陵市
项目规模	15.00 km²
设计时间	1992 年

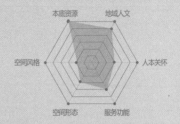

有机生成设计要素影响权重分析图

总平面图

用地红线

主干道

次干道

支路

① 岩脚

② 浮山摩崖石刻

③ 文昌阁

④ 双瞻阁

⑤ 张公岩

　　景观设计是结合土地、气候、地表物体及人文等要素来改造场地空间，满足人类需求的一项目创作活动。优秀的景观设计作品通常结合场地的本底特征，将空间、功能及各类设计要素在场地上进行有机融合，使之成为一个具有较强内部关联性的有机生命体。在大型场地设计中，如何将各类环境设计要素与场地基底进行有机融合，是设计者最为关心的问题。本文以浮山国家森林公园为例，以场地的自身认知为起点，解读浮山森林公园规划设计的有机生成过程，探究项目在资源整合、道路选线、绿化规划、建筑设计与造景细节把控等方面的处理方法，并通过观察场地在规划完成多年后的现状，总结规划所带来的长期可持续发展优势，为今后以自然人文景观为主要特征的风景区规划提供一定的参考借鉴。

项目概况

　　浮山国家森林公园是由张浪教授设计团队于 1992 年规划设计完成，位于安徽省铜陵市枞阳县浮山镇，地处皖江城市带的中心位置，与宁安城际铁路接近，京台高速公路从境内南北两侧穿过，规划面积 200 km²，主景区 15 km²。

　　场地经过规划改造之后，多年来其自身的生态系统不断完善，环境得到提升，原有景观受到充分保护，原生与次生植被群落不断演替，植被生长良好，季相变化丰富。如今，作为风景名胜区的浮山森林公园不仅成为铜陵市绿地系统的重要组成部分，还是国内著名的旅游文化圣地，其自然人文风光不断吸引更多海内外游客慕名前来，同时带动了周边地区经济的蓬勃发展。

注：本文发表于《园林》2018 年第 12 期，题名为《自然景观与人文景观交织下的有机生成设计探索——以浮山国家森林公园为例》。

浮山远眺

资源的有机整合
——依托场地资源规划景区结构

"因地制宜,随势而起",不仅是指设计需要依据地形变化来做出相应调整,更是强调展现场地资源特色的重要性。作为三十六洞天之一的浮山,场地资源丰富多样,规划以各类资源入手,深耕场地自身的自然与人文资源特色,发掘其内涵,使景观保持长久的有机生命力。

资源分析

本底资源方面,由于项目位于皖南地区的江北丘陵地带,地形起伏变化明显,气候温润,四季分明,土壤条件良好,降水量较充足,且浮山三面环水,具有良好的水环境因子。在自然景观资源方面,场地自古以来就是著名的破火山口,山地西北侧现存大量的火山地质景观,在全球范围内实属罕见,是场地内的最大特色。地域人文资源方面,浮山具有"天下第一文山"的美称,景区东南一带的摩崖石刻众多,现存约500处,从唐朝开始再到民国时期,多位名士在此留作,如欧阳修、范仲淹、王阳明等。此外,浮山还是一座宗教名山,早在魏晋南北朝时期便建成浮山第一所佛教寺院,即如今的华严寺,之后陆续有其他佛教寺庙在此落脚,如金谷寺、会圣寺等,并且作为中国传统道教的三十六洞天之一,从秦汉时期起,历代均有修行道教的人士居于浮山,建立道观,如汉朝的左慈、宋代的张同之。

规划结构

规划以场地中的两大资源特色即独特的天然火山地质景观以及历史人文悠久的摩崖石刻与宗教胜迹,作为项目的展示重点。设计者将整个场地划分为西北一侧的火山地质景区与东南一侧的人文景区,同时根据山地丘陵的起伏变化布置一条主园路来联系两大景区,其他零星景点分散于景区周边,形成"一路两景区多景点"的结构。

自然与人文融合的特色景观

火山一隅

人工与自然的有机结合——园路布局师法自然

　　在风景区中，园路是串联景点的最重要方式。若将浮山景区比作一串"江上明珠"，那么这串明珠便是由园中的一处处珍奇异景所组成，而山间蜿蜒的园路便使其串联起来。作为整个景区的骨架，园路肩负着连接山上奇峰、怪石、岩洞、溪涧、庙宇与楼阁等景点的重任。

交通系统

　　浮山整体上为火山盆地结构，盆地周边的山脊线宛如龙脊一般呈现出弧形环绕分布的状态。因此设计者将园路在尽可能连接景区主要景点的同时顺应自然地形——沿山脊线周边的平缓地带进行布置，做到最大限度地保持场地原貌。园路系统的布局形式为树枝式，主园路由西向东连接山谷与火山盆地，从西北侧火山地质景区的江南会胜一直到东南侧人文景区的浮山胜境。

　　支路分为南北两股，北侧一股支路串联着天池、张公岩、三宝塔、雪浪岩、马蹄洞与仙人桥等著名景点，南侧支路则经过场地内的紫霞关、金谷禅寺、九曲桥与望江阁。园路形式主要有三种，高差较大的区域采用山间蹬道，较小的设置斜坡或礓礤，而地势险峻之地则采取悬崖木栈道的形式。

园路与景观融合

　　场地上的园路作为一种功能和景观效果兼备的要素，其宽度、转角位置、断面形式与现有景观相契合，二者融为一体，有效地突显了景区风貌。

　　景区入口设置题有"江南会胜"的方形木质门牌，将眼前的浮山进行了开门见山的框景，进入景区后便是通过自然式营造手法搭配的漫山绿植与高大的山脊所构成的开阔空间，主园路虽在脚下却有一种置身于毫无人工痕迹的自然景象之中。因为正前方的高山绿植将游人的视线吸引向上，给人以山脊连接到天际无限向空中蔓延的空间感。景区主园路顺应着山谷盆地从面前的山头绕过而消逝于东侧远端，前方百米开外呈现出一片开阔的山谷梯田，视线顿时开阔。设计者的用意在于将入口设置在紧邻山体之前，让主园路绕过山脊通向山谷，游者的视线一高一平，使人的视觉空间感也随之发生了变化。如此巧妙的园路设计营造出具有层次感的空间序列，也可见设计者对现存景观的充分理解。

整体与局部的有机结合
——协调建筑与周边环境风格

　　建筑群与周边环境的高度契合是项目另一大特点。规划不仅考虑到建筑单体的造型美，也兼顾建筑群在场地上的整体效果，遵循了整体与局部的协调构建原则，使建筑这一人工产物能够有机地融入自然环境中。

原有建筑存在的问题

　　景区建筑以宗教类型的寺庙道观为主，其中部分建筑在规划之前已经建成，这些建筑由于缺少对周边景观环境效果的把控与其他现有建筑形式的协调整合，导致景区建筑整体风格不协调，色彩迥异。以建筑为例，会圣禅寺坐落于浮渡中部的云霄峰会圣岩脚下，依岩临洞而建，始于晋梁时期，毁于太平天国时期的浮山之战。20世纪初，禅寺被修建成三座红顶大殿，建筑色彩与形态各异，与周边环境极不协调。此规划项目在尊重历史的前提下，重新修建三座大殿以解决建筑与环境风格不统一的问题。

浮山全景

协调建筑风貌

在对会圣禅寺的改造中，设计者考虑到建筑与周边植被及地形空间所营建的整体效果，将三座大殿的色彩进行统一设计以契合场地，建筑外部统一以灰砖黄瓦为主，使其与背后岩体及周边植被的颜色相协调，避免由于建筑色彩的视觉冲击力过强导致建筑脱离于整体环境而被孤立。

寺庙建筑轴线与环境的结合也是恰到好处。古寺门头、内庭院、大殿以及寺庙最高点——建于会圣岩顶的九带堂，形成一条南北中轴线。整个轴线恰好被四周岩体和植物围合，再加之多年生长茂盛的植被与建筑经风吹日晒所呈现的年代感，使得整个古寺与周边自然环境融为一体。

雷公洞

百年银杏古树

保护与规划的有机结合
——景区植被的可持续发展

植物是景观营造中最重要的有机要素之一，其对于场地生态环境的发展、景观空间序列的形成及具体景点的构建有着不可代替的作用。风景区的植被规划不仅须考虑当地气候、地理环境及原有植被群落特征，更应以保护好原有自然植被景观的生态环境为首要任务，处理好引进树种与原有树种的和谐共生关系。

植被保育

浮山属于北亚热带湿润气候区域，一年四季气温差异明显，降水量较为充足，自然生态环境较佳，植被长势良好，主要有常绿针叶林和针叶阔叶混交林两种植被类型。但由于 20 世纪 70—80 年代乱砍滥伐与缺乏科学管理，导致浮山的部分植被群落遭到破坏，景区生态环境质量也受到一定影响。

针对这一问题，规划团队的指导思想是以景区整体的生态平衡和植被良好生长为前提，结合区内退耕还林工程，针对不同地质地貌和生物特性采取不同的保护管理措施，进行分区、分类保护，将植被资源保护、环境治理与开发紧密结合。规划中将浮山南侧与浮山中学北侧的林地作为重点保育区，禁止耕地开发；对已遭破坏的植被群落进行人工修复，合理配植速生与慢生树种，栽植乡土树种，如乌桕、朴树、黄山栾树、椰榆、女贞等乔木来维持保育区绿量近期与远期的可持续发展。当时引进栽植的树种经过多年生长演替，如今形成了稳定的次生植被群落形态，不仅有效改善了场地自然生态环境，更是丰富了当地植被景观类型。

丰富的火山地质风貌

绿化规划

规划团队首先根据项目当地环境条件营造不同的植被群落景观，在浮山海拔 80~150 m 地带规划四季观赏林带，海拔 80 m 以下规划灌木林带，以此来构建不同的植被景观，同时在乔灌草的搭配模式之下充分利用乡土树种，选择耐贫瘠、根系生长强的低灌木与藤本作为补充，有助于稳定植被群落的生长。二十几年过去了，林带内当初栽植的树苗已长成参天大树，具有防止风沙、保持场地水土、调节景区小气候的作用。

第二是打造景区植被的季相变化，项目以乡土树种作为基调树，在此基础上加入彩叶树种如鸡爪槭、黄连木、栾树等，在协调整体色调的同时又增添色彩变化，营造春季观花、夏季观叶、秋季观果、冬季观枝的景观效果。季相树种经过多年生长，如今已成为场地色彩变化的主要来源，丰富了景区季节性特征，避免游人视觉单调感。

第三是对古树名木的重点保护，以古树作为景区主要观赏景点，将与古树相关的地域文化进行提炼，这是对古树名木的"软"保护。如浮山会圣禅寺门前有一株百年银杏，因当时佛教信奉银杏为圣树而被栽植，根据这一宗教文化，规划团队将古银杏打造成会圣禅寺的一大特色。在寺庙前布置一条竹林小径，深秋时节游人通过此路接近寺庙时，地面上布满金黄色的银杏叶，顺着银杏叶散落的痕迹，转过 90 度的弯便有一棵银杏立于寺庙前，古树扎根于山崖之下，与寺庙门头互为对景，引人入胜。

管理用房前的红枫

自然群落景观

造景细节上的有机变化——节点设计手法多样

景观的营造与作曲有着异曲同工之妙，谱写一首"景观之曲"需要一连串音调与各种音符的结合才能完成，园林材料便是音符，而造景手法则是一串彼此衔接的音调。园林造景手法丰富多样且相互联系，这些手法的结合运用一方面使景观空间更为立体，形成动态空间序列，达到步移景异的效果；另一方面通过点景或题咏的手法可作为景观的一段小结，是对景观所表达的思想情感的一种概括，寓情于景。

构景手段

本项目作为典型的山地型风景区，场地自身的地形变化与丰富自然的植被赋予了良好的造景条件。通过运用障景、夹景与对景等多种构景手段以形成线性景观空间序列是本项目造景上的一大特色，如森林公园西北侧自然景区，林中小径两侧设计栽植的白玉兰、雪松、银杏等高杆乔木，向小径中间倾斜，形成狭长的幽静空间，如同一条绿色时光隧道带领游者返璞归真。前方石阶一侧的土坡转为 8 m 高差的深坑，将游人视线由前进方向引到地势低的一侧，处于这样一种半开敞空间中使得游览者既担心脚下悬空又惊叹浮山之天险。沿着石阶向上，地势随之平缓，游人视野也随之开阔，目光被突然出现在对面的山峰所吸引，极目远眺，山体正面露出彩色斑斓的火山岩石层，与周围密植的色叶树种交相呼应。

题咏手法

造景之中，为景物题字或赋诗是对景观特征的一种高度凝练的艺术表达手法，这不仅仅是对景物外表的真实反馈，更是造景者对场所精神的一种表达。位于岩洞景区的滴珠岩，因岩洞内部光线通透并且洞穴内有山泉飞流而下而得名。春雨季节洞顶飘落着雨滴，飞溅而下的景象被称为"天河堕玉"。设计者便以此奇景在岩洞外设置了木质景观标识牌，上方题有"白日晴飞雨，散瀑溅泂珠"一行诗句，不仅形象描述了洞内奇观，也表达出了观者对此佳景的赞美之情。

设计感悟

浮山览胜醉千年，一部优秀的景观设计作品之所以能够打动人心，这跟设计者对场地基底与地域人文的深刻解读，以及对各环境要素的有机结合有着直接联系。设计不仅将浮山厚重的历史人文与秀丽的自然风光得到延续，更是以自然人文景致作为原始题材，与各类设计要素形成了新的有机整体。从项目的植被规划、生境保护与自然人文资源的可持续利用等方面，无不反映出设计团队在规划过程中所展现的人文情怀。正如麦克哈格的《设计结合自然》所说，"我们不应把人类从自然中分离开来看，而要把人与自然结合起来观察和判断问题，放弃那种简单的割裂地看问题的态度和方法，而给予应有的统一"。

自然中丰富的植物色彩变化

1992 年浮山国家森林公园立项资料选登

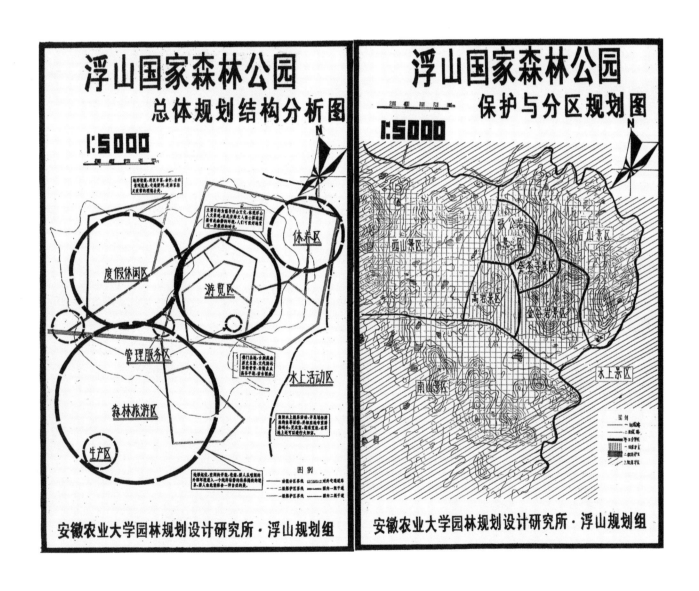

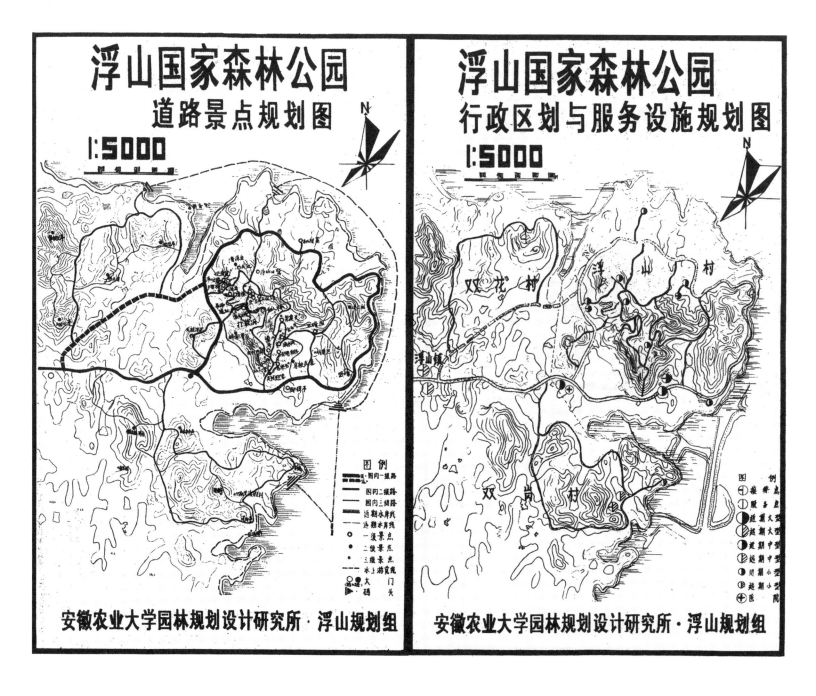

将军庙休闲度假区 现状图

将军庙休闲度假区

浮山规划组 1:25000

浮山国家森林公园

将军庙休闲度假区 道路与服务设施

N 1:12500

图例
对外交通道路
游览干道
游览次干道
服务设施
溢水坝

安徽农业大学园林规划设计研究所
浮山规划组

林 业 部 文 件 (批复)

林造批字[1992]222号

_____

关于建立浮山等四处国家森林公园的批复

安徽、山东、广东省林业厅：

　　你厅关于建立国家森林公园的请示收悉。经研究,批复如下：

一、浮山等四处国营林场森林环境优美,自然资源、人文景观丰富,具备开展森林旅游的良好条件。为加快其森林风景资源的开发利用,更好地发挥森林的多种效益,丰富人民的文化生活,增强林场经济活力,同意建立浮山等四处国家森林公园(名单见附件)。

　　二、国家森林公园与国营林场实行"两块牌子、一套班子"的管理体制,原隶属关系、山林权属和经营范围不变。

　　三、为了有计划地建设森林公园,请抓紧组织编制森林公园的总体设计(按附件所列面积进行),由你厅负责审批,报我部备案。总体设计要在保护和发展森林风景资源的前提下,突出自然景观,合理布局,综合开始,体现地方特色。

　　四、森林公园采取多渠道集资的办法进行建设。依据总体设计,在产权归林场所有的前提下,可采用多种形式吸引其他部门、单位或外商投资兴建旅游设施,联合开发、共同受益。

　　附件:国家森林公园名单

　　　　　　　　　　　　　　一九九二年十二月十一日

国家森林公园统计表

单位:亩

序号	原单位名称	公园名称	面积
1.	安徽省枞阳县将军庙林场	浮山国家森林公园	57.512
2.	安徽省宿松县宿松林场	石莲洞国家森林公园	22.198
3.	山东省淄博市原山林场	原山国家森林公园	25.588
4.	广东省南澳县黄花林场	南澳海岛国家森林公司	20.600

安徽省浮山国家森林公园总体规划设计
评 审 意 见

浮山国家森林公园总体规划设计评审会由省林业厅主持，于1995年10月14日至15日在枞阳县召开。参加评审会的有省林业厅有关处、站、院、校，安徽农业大学，安徽师范大学，安庆市林业局专家16人。枞阳县政府、县计委、农经委、广播电视城建、交通、财政、农行、邮电、人事、林业及县志办公室等县直部门负责人参加了会议。与会专家经过实地考察，在听取安徽农业大学园林规划设计研究所设计负责人详细介绍的基础上，对浮山国家森林公园总体规划设计进行了认真评审。评审会专家组认为：该总体规划设计从森林公园实际出发，资料翔实，指导思想明确，区划合理，设计严谨，图表完整，具有较高的设计水平，科学合理，符合林业部森林公园总体设计规范。

为完善规划设计，专家们提出了一些建设性意见。综合如下：

一、浮山国家森林公园是以森林景观为主体，火山地貌和摩崖石刻为特色，集科研、教学、旅游观光、休憩度假于一体的国家级森林公园，总体规划设计要按照林业部批准成立的范围，统一规划。

二、要加大森林景观规划设计内容和深度，重点调整森林景观资源结构，提高森林公园景观资源质量。

三、根据浮山国家森林公园景观资源特点，应积极开发火山地貌、摩崖石刻、森林旅游等特色旅游。

四、充实、调整总体规划设计中投资概算、效益分析的内容。

浮山国家森林公园总体规划设计
评审会专家组
一九九五年十月十五日

安徽浮山国家森林公园
总体规划设计评审会专家组成人员名单

姓 名	工 作 单 位	职 称	签 名
王 文	省林业厅	高 工	
彭镇华	安徽农业大学	教 授	
訾兴中	安徽农业大学	高 工	
韩也良	安徽师范大学	教 授	
贺景章	省林业厅计财处	高 工	
吴同耀	省林业厅森林公园办公室	高 工	
杨正涛	省林业厅绿化办	高 工	
马宏湘	省林业厅宣传站	高 工	
肖嗣伦	省林业厅自然保护站	高 工	
张克俭	省林业厅防火处	高 工	
胡良顺	省林业厅林场总站	高 工	
冯玉身	省林勘院	高 工	
崔化伦	安庆市林业局	高 工	
汪俊生	省林业厅科技中心	高 工	
叶学斌	合肥林校	高级讲师	
曹延川	省林业厅森林公园办公室	工程师	

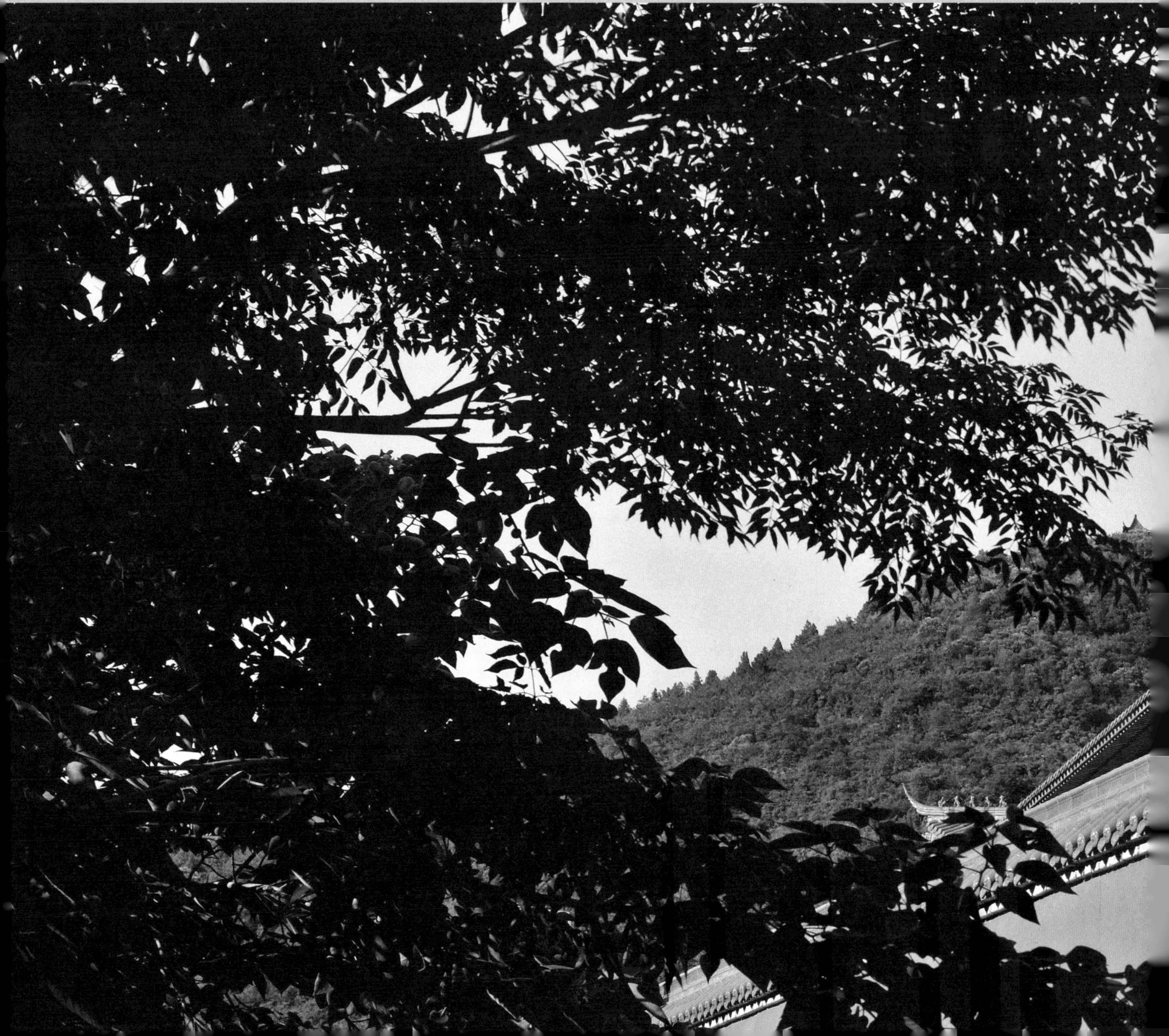

淮北市相山城市森林公园改扩建规划设计

Reconstruction and expansion planning and design of Xiangshan Urban Forest Park, Huaibei

项目地点　淮北市
项目规模　350.00 hm²
设计时间　1997 年

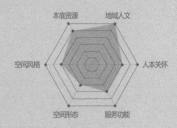

有机生成设计要素影响权重分析图

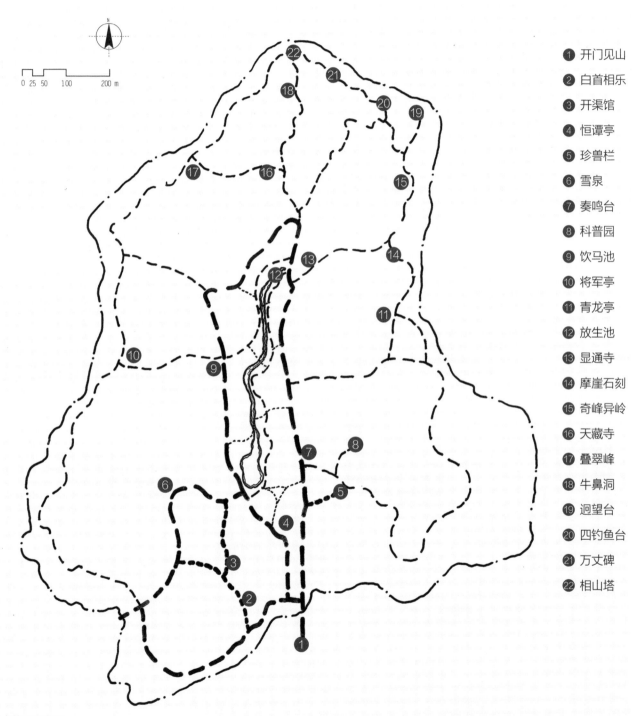

景点位置示意图

1 开门见山

2 白首相乐

3 开渠馆

4 恒谭亭

5 珍兽栏

6 雪泉

7 奏鸣台

8 科普园

9 饮马池

10 将军亭

11 青龙亭

12 放生池

13 显通寺

14 摩崖石刻

15 奇峰异岭

16 天藏寺

17 叠翠峰

18 牛鼻洞

19 迥望台

20 四钓鱼台

21 万丈碑

22 相山塔

入口大门

　　景观设计将人类生产需要、生活体验的栖居环境结合时代发展并沿袭历史文脉进行合理化布局。有机生成设计方法使得地域景观在地域文化特征、体验者参与、自我更新能力、生态系统格局几方面发挥着极大的优势，为城市增添活力，达到人与自然环境的和谐共生。

　　在不同的自然环境和文化背景下形成的景观，都是自然演化与人类生存发展相互影响下的有机生成的历史积淀。自然界中各种图饰纹样，都是自然演化内部法则和外部因素共同作用的产物，受到自然界和生物有机体的非线性特征和创造力的启示。人类生存发展是人类因生存本能从自然环境中获取生活所需的物质资源的活动，在这一行为产生的同时，人类的活动已经对自然环境产生影响。

　　景观的有机生成设计，其核心在于利用土地、地物、地貌、水体、气候条件，结合功能、人文资源等生成新的、和谐统一的有机整体。凸显地域景观风貌，需要了解该地域的历史发展、人类的行为活动和自然演化过程及它们之间的相互联系。

注：本文发表于《园林》2018年第8期，题名为《历史景观的有机生成设计方法探索——以淮北市相山公园为例》。

有机景观的时代性
——自然生境中衍生的独特人文

当下，设计者对于景观的定位不断偏向于对风格形式的追求。他们将场地中看似琐碎凌乱的历史痕迹全部清除，把一些符号性设计强行注入文化内涵。在实际使用时，这些套用历史文化的作品无法与公众产生情感互动，体验者往往只能游离景观的表象。

在多元文化与社会发展等多种因素交织影响下，只有深度挖掘场地的历史底蕴、风土人情以及社会价值取向，才能够使景观空间的表达符合时代审美标准。公众在体悟景观的内在价值的同时，体验生活乐趣与生命的活力。有机生成的景观并不是对传统园林浅显的模仿，而是与现代生产需要和人类行为活动结合，进行凝练提升的设计。对景观审美内涵的思考实质是探究与实体环境共存，经过历史积淀所呈现的不同时代与文化背景的景观时间之美。有机景观的时代性体现在把地域历史文脉与社会生活需要、自然生态保护紧密结合，共同提升城市景观的内在价值。

坐落于安徽淮北市相山南麓的相山公园是一个集自然、名胜古迹、人文景观为一体的综合性公园，由张浪教授设计团队于 2003 年设计完成。在岁月的洗礼后，相山公园在风景秀丽的自然风貌、意蕴深远的文化古迹和历久弥新的人文景观的衬托下经久不衰，在城市发展中散发着迷人的光芒。相山公园东、北、西三面环山，面积约 350 hm^2，为古宿州八景之一"相灵叠翠"，由显通寺、渗水崖、水牛墓、万丈碑、奏鸣台、钓鱼台、叠翠峰、刘开渠纪念馆等构成 18 处自然景点和人文景点。

万丈碑是相山公园的一处著名人文景点，位于相山的相辅两峰龙山与虎山山脊线凹交会处。原碑为苏豫皖三省的界碑，正面刻有"主山万丈"，背面刻有"阿弥陀佛"四字，字迹挺秀，笔锋犀利，神韵古色。此碑于 1956 年被暴风吹倒，"文革"期间被群众抛山而毁，而后新立一块绿化碑。于是后期设计者在做景观提升设计时结合地形，将立碑处设为万丈碑景点，供游人眺望远方层峦起伏、翠柏苍虬。钓鱼台是相山峰山腰处突出的一块飞崖，传说此处原为汪洋，钓鱼台恰似蓬莱仙阁，姜太公来此钓鱼，于是在此设钓鱼台景观。后期设计时为了保护现有环境、增加安全措施，在钓鱼台的东侧十米处建游亭一座，以供游人歇息、观云雾，云雾如同浩瀚汪洋。

相山公园建园已久，部分历史古迹现状老旧，现存景观视觉效果不佳，已经不能满足游人的游玩体验需要。本项目设计团队通过保护修复现有环境，在旧址上不做过多的人工雕琢，在周边修筑游步道、增添景观建筑和服务设施，为历史遗迹注入新的生机，便于体验者理解场地的深层含义；通过景观结构上点、线、面的有机结合将历史园林融入城市绿地系统中去；从文化入手，以空间形态、肌理基础为依托，在系统分析空间肌理特色的基础上，通过情感节点串联人文传统。

自然掩映下的游乐设施

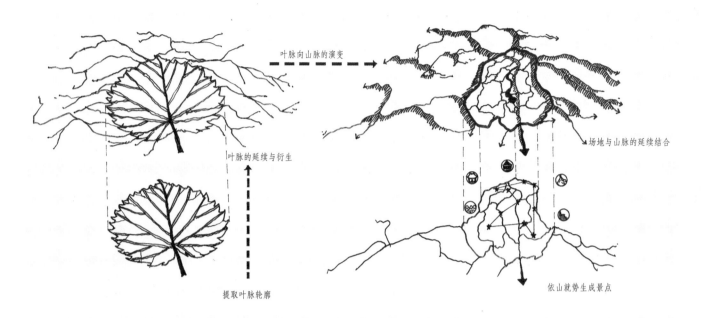

叶脉向山脉的演变

场地与山脉的延续结合

叶脉的延续与衍生

提取叶脉轮廓

依山就势生成景点

推演图

天池手绘

天池实景

有机景观的生态性
——乡土植被群落构建的自然绿肺

　　景观的"连续性"和"自主性"使得设计作品在时间的推移下，不断摒弃多余的装饰，将景观本体与自然更贴切地融合到一起。景观作品会逐渐褪去人工处理的痕迹，最终形成纯粹的自然景观。因此，景观设计应当遵从场地的自然演化规律，在系统分析地形、水系、植被等因素的基础上，对场地提出科学的建设策略，使得景观具有弹性的景观格局与良好的自我修复能力以应对人类日常活动以及气候变化。

　　自然资源在绿地系统进化中具有双重属性，人对其利用方式是影响城市绿地系统的重要因子，而它又是城市绿地系统依托的外部环境，是城市景观不能完全控制但又必须适应的外部存在。在景观中凸显地域特质，关注自然演化过程所产生的景观面貌，并通过巧妙的设计手法让体验者感知这些有机体的联系。设计师从生态功能角度来考虑规划场地，这种规划创造是由内而外的，将场地中公众的行为活动融入环境，这样的场地才能同时承载内部的生态功能和外部的环境。

谭恒纪念亭

乡土植被群落

刘开渠纪念馆

相山属暖温带半湿润季风气候，主要植物有柘树、白榆、朴树、臭椿等。新中国成立初期，乱砍滥伐、开山炸石等行为导致植被破坏严重，植被与景区的景观效果不相协调，尤其南山景区森林覆盖率亟须提升。当地人们于 20 世纪 70 年代后对相山进行"植树造林，绿化荒山"并取得成效，基本恢复了植被景观，效果明显，但造林树种单一，西山景区仍给人以贫瘠的感觉。后期设计中针对相山风景区内植被基础较差，水土流失严重，并有继续破坏现象，及时采取护林、管林、封山育林措施，把绿化、美化、景化与疏导水陆浏览相结合；加强绿化，制止开山采石造成生态破坏，并进行垂直绿化；加强景区的古树名木管理，建立档案，设立说明标志，并设置专人管理，同时在林木较为茂盛的地方种植防火林带。

植物选择从风景组织出发，根据土壤性质、地形、气候等立地条件，选用乡土树种，保护场地内原有的植被资源，并将自然的再生因素考虑到设计中，提倡发挥自然系统的自我修复能力。在人文景观点周围，设计团队按照植物的共生作用，合理地组合成多层次的人工混交植物群落，考虑季相变化，合理搭配，在景点分布较少或植物造景地域，采取成片纯林和混交林相结合方式，形成丰富多彩的植被景观。其中叠翠峰的植物景观最引人注目，山峰上四季风光不同，春季百花争艳，香满山谷；夏季峰青岚碧，碧绿如洗；秋季红似枫叶的黄连木漫满坡谷；冬季翠柏挺秀，千姿百态，登临其境，美不胜收。

寓言雕塑小品

淮北市相山城市森林公园改扩建规划设计
Reconstruction and expansion planning and design of Xiangshan Urban Forest Park, Huaibei

自然修复下的公园自然风貌

景观小品与环境的融合

显通寺

总结与展望

　　地域景观是一个不断发展的系统，即使景观在设计之初就已经形成了理想化状态，但绝不等同于到达了完成状态，景观会随着时间的推移潜移默化。人类的日常行为也会直接作用于景观，这些微小变化只有经过时间的积累才会慢慢显露出来。

　　作为人类赖以生存的栖居环境，景观所表达的思想和意义是多方面的，既包含了具象景观特征，又包含了文化属性。现代景观的发展方向要立足于人们的生活习惯和体验感受，使设计语言能够被体验者理解，优化城市景观格局。有机生成的景观设计手法，通过挖掘历史文脉、凸显人文风貌、注重人本关怀，构建人与景观和谐共生的关系，使人类的个体感受与场地景观产生情感共鸣，实现主客体之间真正的融合。

六　庭院环境

CHAPTER 6 / COURTYARD ENVIRONMENT

国际竹藤中心
黄山太平基地庭院环境景观设计
Courtyard environment design of International Bamboo
and Rattan Center, Huangshan Taiping Base

项目地点 黄山市
项目规模 4.05 hm²
设计时间 2000 年

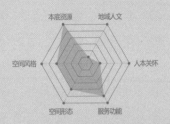

有机生成设计要素影响权重分析图

① 步入竹海　⑦ 松涛阵阵　⑬ 学院宿舍
② 一点绿　　⑧ 竹树环合　⑭ 碧气凌云
③ 玉树琼林　⑨ 食堂　　　⑮ 绿荫如盖
④ 阳光印象　⑩ 踏青台　　⑯ 培训楼
⑤ 金黄梦境　⑪ 专家楼　　⑰ 叠翠层林
⑥ 环碧阁　　⑫ 餐松啖柏　⑱ 漫林碧透

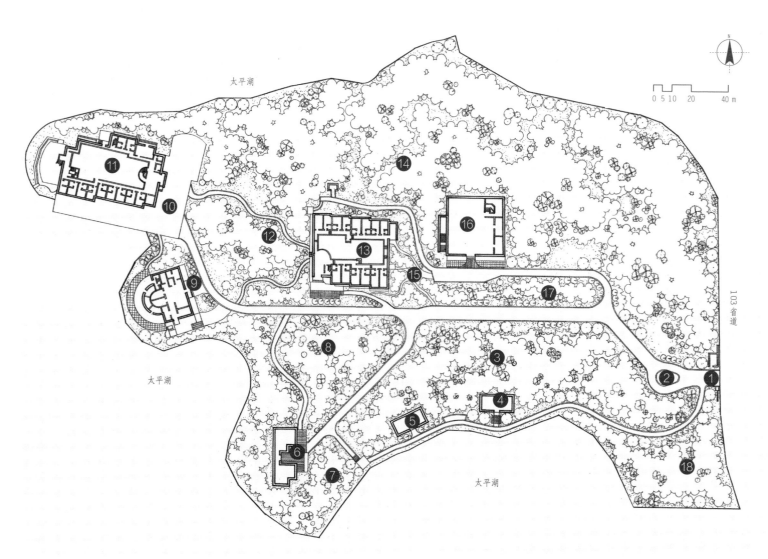

总平面图

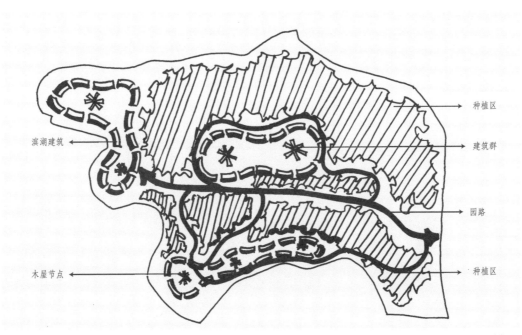

种植区

滨湖建筑 ←

建筑群

园路

木屋节点 ←

种植区

分析图

　　本基地位于安徽省南部黄山区太平湖东岸，为伸入湖中的一半岛，距黄山区 20 km，距合肥市、南京市均有 250 km 左右。该地原属芦山林场，占地面积（吴淞口标高 115 m 以上）40 460 m²。该基地西望太平湖，其余三面为芦山林场。本基地处于中纬度，属湿润副热带季风性气候，四季分明，雨量充沛，日照较少。所在地以芦山为主体，主山脊自南向北由高到低呈弓形延伸，属江南古皖南中部黄山、九华山花岗岩侵入体中低山地区。基地与外部交通以公路为主，水路交通以太平湖为主，公路 103 省道贯穿而过，合铜黄高速已经通车，到合肥、南京均比较便利，交通便捷。

国际竹藤中心黄山太平基地庭院环境景观设计
Courtyard environment design of International Bamboo and
Rattan Center, Huangshan Taiping Base

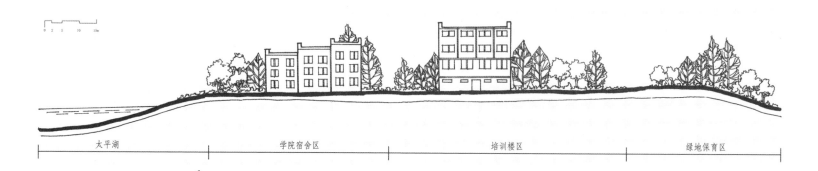

| 太平湖 | 学院宿舍区 | 培训楼区 | 绿地保育区 |

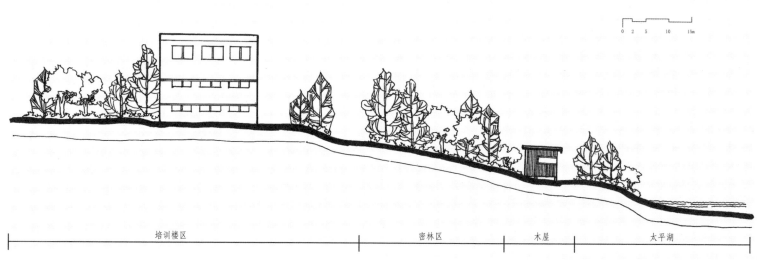

| 培训楼区 | 密林区 | 木屋 | 太平湖 |

剖面图

中式建筑风格

专家楼前的大乔木

生态景观打造优雅科研环境

　　总体环境规划设计以保护自然环境、重视生态功能为核心指导思想。通过保护和提升现有环境质量，以丰富多彩的园林植物景观，增加和改造基地基础设施，创造一个美好的休憩、学习、科研的环境。

　　本基地为一岗地，虽三面环水，但大部分位于淹没线以上，尚无淹没之虞。该地地形坡度较大、树木茂密，规划设计必须慎之又慎，尽量减少对地貌和树木的破坏和保存大树。设计团队结合地形设计，设置不同等级的园路，以原有植被为背景，栽植自然形式的竹类群落，园路材料多采用自然形态，大部分就地取材，节省资源，体现自然环境。

多样土壤培育丰富植物群落

　　基地地势起伏很大，最高峰芦山海拔 830.7 m，最低处海拔 115 m。成土母岩多系千枚岩和部分花岗岩，紫色砂岩较少。用地土壤可分为两大类，即黄红壤和山地黄壤。黄红壤分布于海拔 400 m 以下的丘陵和山脚处，质地较黏重，透气性差，但保肥能力强，呈酸性反应，pH 在 4.5~6.0 之间，无机养分较丰富，土层较深厚，山地黄壤多分布 400~900 m 之间的山地，质地偏砂，透气、透水性能良好，有机物质含量较高，pH 在 5.0~6.0 之间，土层厚度 40 cm 左右。为满足建筑环境建设，通过对基地各处建筑局部小范围的挖填土和场地清理以及土壤改造，来为植物生长和环境营造设计提供良好的条件。

建筑与自然有机融合

特色竹景增色灵动四季变化

　　设计团队以"生态"为切入点展开，遵循统一、调和、均衡和韵律的原则，利用植物的形体、线条、色彩、质地进行构图，并通过植物的季相及生命周期的变化，使之成为一幅活的动态构图。运用千姿万态的竹子创造丰富多彩的竹景观，竹子四季常青、潇洒多姿、清幽凤尾、似画如诗，充分运用竹子的观赏特点，如观竹竿者，有方有圆，有紫有黄有绿，有绿白相间者；观叶者，或形状奇特，或色彩花纹绚丽多姿。竹类有铺地竹、凤尾竹、阔叶箬竹、四季竹、金镶玉竹、紫竹、苦竹、黄条金刚竹、水竹、金镶玉竹、罗汉竹、花毛竹、翠竹等几十种。遵循适地适树的原则，常绿树种和落叶树种相结合，将植物生态景观进行分区规划：入口区、培训楼区、学员宿舍区、木屋区、餐厅区、专家楼区。各景区景点以原有林地和竹林为基调，选择不同植物形成各有特色的植物生态景观效果，注意乔、灌、草相结合，通过乔、灌、藤、地被、草坪不同空间的组合，来体现多层次搭配，植物群落相接、相嵌、相依、相助，林冠起伏，林缘多变，疏密有致。植物景观以春秋两季的景色为展示主体，春天设计繁花似锦的春花交替开放、秋天展现层林尽染的秋色与硕果累累丰收景象，做到春有花、夏有荫、秋有色、冬有绿，体现植物季相变化。环境生态方面，营造出茂密的植物景观，同时为邻近的鸟类生物提供极佳的栖息地，此处常见的鸟类有啄木鸟、灰喜鹊、猫头鹰、野鸡、竹鸡、杜鹃、画眉、斑鸠等，兽类主要有獐、野猪、刺猬、山羊、鼬；蛇类有黄梢蛇、乌梢蛇、竹叶青等。

竹林小径

多彩照明烘托幽静夜晚景象

　　照明系统设计方面，设计团队基于"繁华夜景、基础照明、烘托景色、便于操作"的设计思想，考虑到地块形状的特点，并根据绿地位置、性质不同，将中高的庭院灯和低矮的草坪灯相结合。并建议在主要建筑物和构筑物处设置射灯，在广场的中心场地上设置地灯。本设计主要设计绿化环境的照明系统。在林地草坪区配置低矮的草坪灯，并用间隔的草坪灯勾画出竹林的姿态，使行人在夜间也能欣赏到大草坪景区的景色。在主次干道相间的绿地中，以及在路边、转角处布置以庭院灯基础照明设施为主。高的庭院灯和低矮的草坪灯相结合，使整个景区给人以幽静的感觉。在各建筑周围环境中，主要布置以草坪灯照明设施为主，烘托周围植物景色。

清晰路网勾勒完备交通体系

　　依托现状地形，合理规划布置园路，将园路分为三级：主干道宽 6 m；次干道宽 3.5 m，连接各主要建筑；园路步道宽 1.2~1.5 m。主次道路供行车使用，园路步道为建筑周围环境内部或各区之间的联系性道路，园路依山就势，曲折幽静，为行人提供流畅舒适的空间。园林采用自然材料，结合植物景观，创造出良好环境氛围。三级道路相互穿插，形成主次分明、识别清晰、景观各异的道路交通系统。

　　整个基地的基础设施和景观小品设计力求简洁、质朴。通过增加垃圾站、明沟、窨井等基础性设施满足基地日常工作。指路牌设计以松木为材质，形式与功能有机结合，既有实用功能，又是优美的景观。景墙、挡土墙选用自然的铺地材料，如自然毛石、卵石等铺装材料并且镶嵌栽植花灌木，形成景观性较好的垂直景观，从而丰富园林景观，达到建筑与环境的融合统一。

墙体细节材质

自然的光影

合肥市
梦园居住小区庭院环境景观设计
Courtyard environment design of Mengyuan Residential District, Hefei

项目地点 合肥市
项目规模 22.50 hm²
设计时间 1998 年

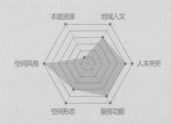

有机生成设计要素影响权重分析图

合肥梦园居住小区是国家科委、建设部批准实施的 2000 年小康型住宅示范小区，距离市中心 5 km^2。该小区西为 30 m 宽的人工湖畔，与山下郁郁葱葱的森林公园相接；北是海关大道，跨路为大型现代化娱乐中心；东临花园式道路；西南部为已经形成的 130 亩的人工湖水面。

该小区用地呈方形，绿化率 45%。地形呈现丘陵状，相对高差约 6.5 m。地质条件好，周围无任何污染。

猜想，每天当清晨第一缕阳光探视绿地，万物复苏时的燕语莺呼声唤醒昨晚熟睡的人们，忙碌的喃喃细语声开始回荡于穹苍之中……

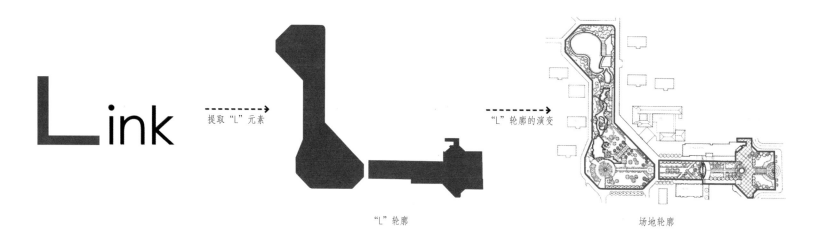

Link

提取"L"元素 →

"L"轮廓

"L"轮廓的演变 →

场地轮廓

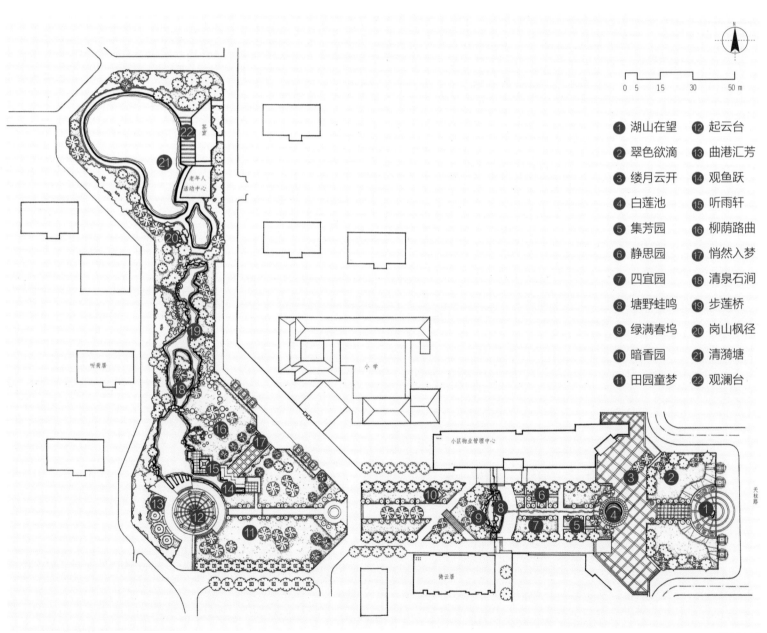

总平面图

1 湖山在望　12 起云台
2 翠色欲滴　13 曲港汇芳
3 缕月云开　14 观鱼跃
4 白莲池　　15 听雨轩
5 集芳园　　16 柳荫路曲
6 静思园　　17 悄然入梦
7 四宜园　　18 清泉石涧
8 塘野蛙鸣　19 步莲桥
9 绿满春坞　20 岗山枫径
10 暗香园　　21 清漪塘
11 田园童梦　22 观澜台

以人为核心的生态栖居

突出"以人为核心"的设计思想，创造"生态型"的居住环境，小区内部环境起着重要作用。

此设计结合地块内原有的水塘和大树密集区，设置了三个中心绿化带：小区主入口中心绿化带，通向原有水塘的自然绿化带，通向别墅区的体育场地绿化带。而这三个不同性质的绿化带呈"Y"形布置，通过中心广场将其有机结合，构成小区绿化环境的骨架。通过这一骨架，小区的绿化环境连为一体，使绿地空间充分、均匀地为人们所用，也使步行系统融入绿化带，将车流、人流自然分开；同时绿化带也提供了各种户外活动场所，组织了儿童游乐、老人休闲、体育健身等丰富的社区文化活动。这既尊重了自然环境，又创造了更加精美的人工环境。

"绿"融于地，有机渗透
——公园景观与居住小区的有机连接

中心绿化带打破传统小区绿化活动中心的概念，将绿地、活动空间用带状方式渗透在整个小区布局中。这种布局注入了全新的生活小区的理念，大大改善和提高了小区环境和生活质量，体现了绿化带的多功能渗透。

所谓多功能渗透，首先表现在组团的划分已不像以往小区用主干道的划分方式，而是用绿化带将其分割成几个组团，既有清晰的组团关系，又使整个小区户外的生活融为一体，使公共绿地和空间充分、均好地被住户所用；其次结合绿化带设置了整个小区的人行系统、车绕环路，人行、车行完全分道，使人们在绿带之中，既方便安全，又获得美的享受；再者中央绿化带使小区内住户获得了开阔的视野，组团的外部空间丰富变化，通过轴线的设置及其转换，创造了一个有序和变化的外部空间。

入口景石

植物围合的休息空间

设计巧妙，别具匠心
——自然虚轴与规则实轴的有机连接

"借"：

将四面蜀山森林公园借来作为小区重要的视觉长廊，建筑层次高低有序，尽量不遮挡东西向视线；利用地理位置的优势，将人工湖、森林公园等借入自己的绿化休息环境之内，充分利用环境景观，追求人与自然的协调与融合。

"障"：

将环线外侧和三个小区入口长廊以绿化带形式呈现，形成绿色屏障，使小区内外绿化空间有机融合、延续，隔断外部噪声、废气，使住户感觉安静、安全，生活舒适、稳定。

"藏"：

不同的组团，采用不同的设计手法，组团内藏着不同的景观空间，草坪、广场、林荫、雕塑等的精心布置更加体现设计者的暗藏玄机。目的就是为了吸引住户走出家门，享受阳光和新鲜空气，在优美的环境里充分弘扬人的个性，使得用户有足够的交往休憩空间，充分满足人情的需要。

树阵手绘

水边手绘

树阵实景

水系实景

合肥市梦园居住小区庭院环境景观设计
Courtyard environment design of Mengyuan Residential District, Hefei

合肥市梦园居住小区庭院环境景观设计
Courtyard environment design of Mengyuan Residential District, Hefei

水生植物的应用

因地制宜，量"体"裁"衣"
——儿童游戏与老年养生的有机连接

　　在小区设计中充分利用原有资源，将场地中心原有的部分水塘、柏树密集区加以选择保留，改造成为带状水面景观，形成小区绿化休息公园，因地制宜地丰富环境。原有地形的 6.5 m 高差起伏也被利用，将小区设计成自然坡地状，既减少土石方工程量，又使室外环境呈自然、亲切的状态。环境设计风格趋于自然化，园林取材中运用天然石材、木材、鹅卵石、成型植物、耐践踏草种等。整体植物以地方植物为主，适当引进当地少见的植物，花卉品种繁多，一年四季鲜花常开，表现出植物造景的多样性、艺术性。

公园景观　Link　居住小区

自然虚轴　Link　规则实轴

儿童游戏　Link　老年养生

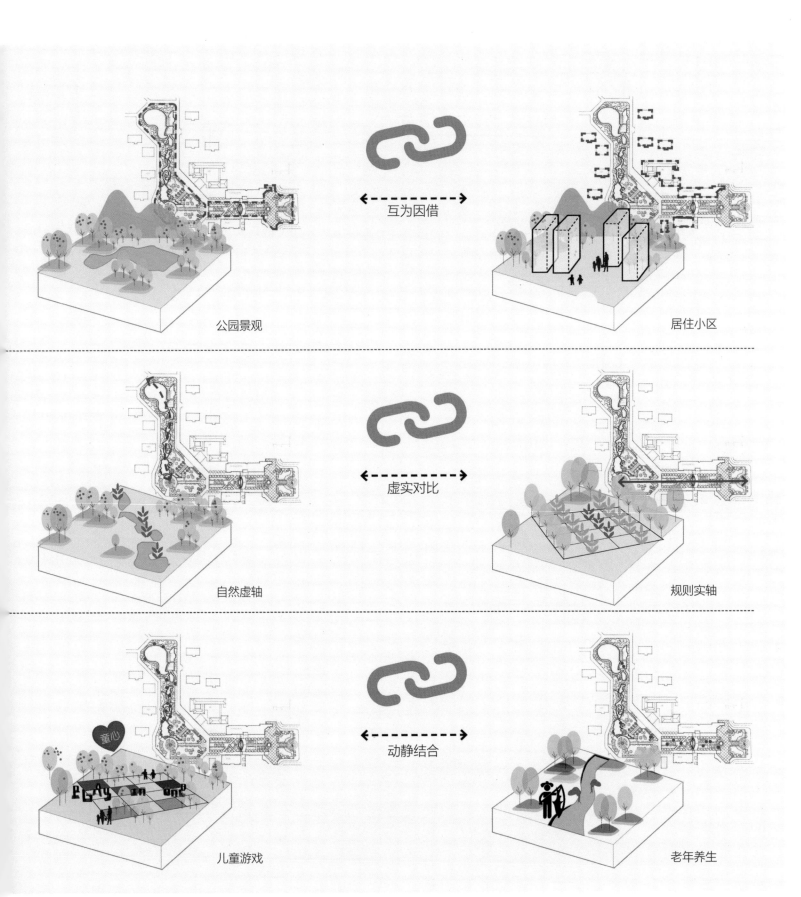

公园景观

居住小区

互为因借

自然虚轴

规则实轴

虚实对比

儿童游戏

老年养生

动静结合

设计的有机连接

张浪设计手稿

ZHANG LANG'S DESIGN HAND-DRAWN DRAFT

中国浮山仙凡此隔

依岩壁而建，空间外向，游人可极目远眺

中国浮山仙凡此隔

依岩壁而建，空间外向，游人可极目远眺

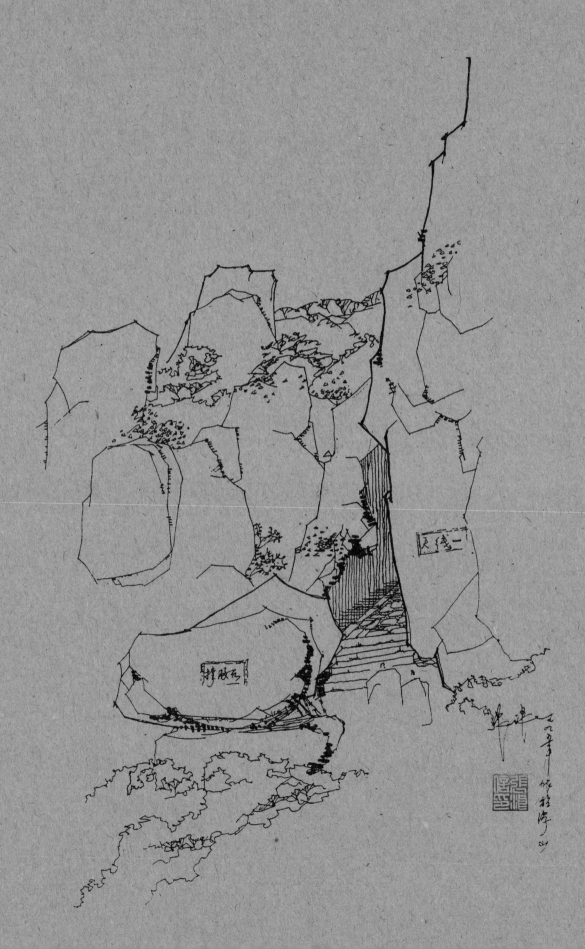

打鼓洞（中国·浮山）

打鼓洞（中国·浮山）

深圳茶村水景

后记 Epilogue

回望——那年那代、那人那事，那八皖山水

2020 年的新春是灰色的。这源于中国武汉的新冠肺炎疫情，令全国乃至全球高度关注与防范，以每天千人计不断增长的患者数量，让人揪心。据报道，至 2020 年 2 月 8 日元宵节上午，境内新冠确诊病例突破 3 万，达到 34 664 例，超过 2003 年整个 SARS 期间的总数 5327 例的 6 倍还多。SARS 整个疫期历时半年多才达到的规模，2019-nCoV 仅仅用一个多月就超过了它 6 倍，其传染性可怕至极。按照上海市政府的规定，回沪人员必须在家隔离观察 14 天，启动在家网上办公模式。疫情给我们带来的心理反应是五味杂陈，在此不言。但隔离反倒使我能静下心来，梳理完成一些往日的"欠债"。我再也无法拖延，整理我的学生们辛辛苦苦投入一年多精力收集的书稿资料。翻开沉睡了半年多的书稿资料，回想起许许多多我在 20 世纪 90 年代的 10 年间（大致 1991 年至 2000 年）的工作经历，以及相伴着我成长的大学校园、八皖山水、同事领导、业主以及学生们。

我很幸运工作 30 多年来，没改过行。我的工作经历大致是三个阶段：第一阶段是安徽农业大学风景园林系历任专业教员兼任教研室主任、系主任 16 年；第二个阶段是在上海市绿化和市容管理局（原上海市绿化局）副总工程师（其间兼任局规划发展处处长）11 年；第三个阶段则是现在的上海市园林科学规划研究院院长岗位 5 年。那 10 年间（20 世纪 90 年代），我在安徽农业大学的工作内容是多元的，概括起来主要是从事教学、学科建设、科学研究及工程项目实践等。本书中选择的是那 10 年间，我所做的三四十个工程项目实践中的 20 项，并将 20 个项目粗略分成了城市公园、城市广场、大学校园、纪念性园林、森林公园、庭院环境等六类；当然，20 个项目的选择，也是结合了手头现存资料、建成后使用情况，以及在徽州文化、淮河文化、皖江文化、庐州文化等四个文化圈层的分布情况。

整理此书的缘起。记得 2017 年秋天，在外出的高铁上，我的一位新入学皖籍博士生和我说起，他在安徽建筑大学任教 9 年间，带学生实习以及和同行交流中（特别是他住的小区就与我做的创业园相邻），常常评论起我的这些作品；随后问我：您为什么不出个作品集呢？听后乍想，我在安徽期间的作品，原以为 20 世纪 90 年代所做的那些东西，只是那个时代的产物，显得"微不足道"，至少与我到上海市绿化和市容管理局副总工程师岗位上，牵头负责的项目（上海世博绿地、辰山植物园前以及虹桥商务区绿地系统、崇明三岛绿地系统、上海基本生态网络规划等等）相差甚远；加上，大约是 2002 年秋，我在安徽农业大学工作时的一楼工作室受了水淹（楼上森保实验室水管夜间爆裂所致），很多放在底层柜子里的图纸手稿被水浸泡，很多图纸及手稿也随之损坏丢弃，如果启动成书，工作量一定加大。而我，倒是想回顾回顾，那时我在项目实践的同时，对风景园林设计方法学的思考和研究的未尽事宜。所以他的建议对我，也算是有"正中下怀"之处。也可能是我距离退休不远的缘故，更可能是我总对那段处于工作激情状态中的我那些同心同行者、帮助支持者、故乡山水的魂牵梦绕回忆。综合权衡下来，最终，我们开始张罗这本书的素材收集，启动了这本书的编撰工作。

工地放线，1995

河南许昌鄢陵苗木基地考察，1994

感谢为本书投入大量精力的学生和同事们，以及在那年那代帮助支持和信任我的校领导和业主们。整理跨越 20 多年前的作品集是艰苦的。因为 20 多年前，并无成书的计划，现在要投入的精力可想而知了，而我在其中投入的精力是不多的。所以，在成书之际我要感谢：季益文、周嵩玮、冯沥娇、谢芝娴、朱子墨、刘妽、安琪、巫文笑、李澍、刘杰、唐健等同学，他们十分辛苦地做了现场调查、文献收集、图纸描绘等大量工作，以及投入后期编撰工作的江南、臧亭、富婷婷、李晓策、郑思俊等同志。

感谢当时与我并肩合作的团队主要成员（见项目概况及设计团队成员汇总表）。

感谢那些幕后坚定地支持我的老领导们：江泽慧、沈和湘、李增智、訾兴中、蔡其武、彭振华、吴诗华、吴泽民、宛晓春、陈备久、高翠芝、欧阳家安、孟平、徐向宇、傅玉兰等等（排名不分先后）。

感谢那些坚定地支持、认可我的业主们。依稀记得，时任安徽省舒城县教委主任的刘自朝同志（后任舒城县副县长、县政协主席，现已退休多年），在县里具体负责落实"国家普及九年义务教育"的重任。1991 年，我从同济大学学习回去后，风景园林项目并不多，所以首先做的却是建筑设计，如安徽省舒城县张母桥中学教学综合楼、霍邱县陈埠职业中学实验综合楼等。受邀设计的张母桥中学综合楼建成后，很受时任舒城县教委主任的刘自朝同志的肯定和欣赏，他拿着该综合楼整套设计图纸，布置县里其他几个中学，又照样各建设一栋，让我上门交底放线、过程指导。我在现场看着建筑工人按照图纸一点一点地建起综合楼时，从中获得了设计师的满满成就感。没过两年，风景园林项目开始多了起来。依稀还记得，时任合肥瑶海区七里塘镇建设科科长姚大埭同志（科班建筑工人出身），侧面了解到我的科班出身，邀请我主案合肥市

听取业主的设计诉求，1995

在施工现场，与业主合影，1996

安徽农业大学第一教学楼前，系主任与作者及指导的毕业设计同学们合影，1991

安徽农业大学校领导慰问设计团队成员，1992

《园林规划设计》教材编写组主编、副主编、撰稿人合影，1994

郊七里塘镇瑶海公园改扩建设计。先交由我负责执笔从公园西大门、南大门设计，再到整个公园改扩建规划设计。当时由于工期时间太紧，我和团队骨干索性就住在他隔壁办公室里，连天加夜地赶图，边设计边施工，有时甚至来不及晒蓝图，直接拿着硫酸纸图到工地去用。不到一年时间，完成了全部工程实施并开放使用，为当时国家建设部承办的联合国人居署村镇建设现场会的如期召开，添了彩……许多业主领导，不再一一忆到（许多已成为高层领导，其中两位成为现在任的副省部级领导），以及还有许许多多帮助支持过我的同行同事们。

至此搁笔时刻，再想，还是为了回顾。回顾来时的路，告慰曾经帮助支持过我的人们，也是鼓励一下初心不改的自己，因为"有人出走半生，归来仍是少年；有人出走半生，归来面目全非。能在一条前途未卜的道路上默默前行，单凭这份勇气和决心，就值得鼓励"。一如书名——回望八皖，回望那年那代、那人那事，还有那八皖山水，犹如脑海中的记忆小岛，此起彼伏地时时浮现，令我不得忘怀。此时，想用仓央嘉措的《你见，或者不见我》诗作结尾。

你见，或者不见我
我就在那里
不悲不喜

你念，或者不念我
情就在那里
不来不去

你爱，或者不爱我
爱就在那里
不增不减

你跟，或者不跟我
我的手就在你手里
不舍不弃

来我的怀里，或者让我住进你的心里
默然相爱
寂静欢喜

2020.02.10

带着八皖记忆与园林初心，努力前行，不曾懈怠。

本书所列项目概况及设计团队成员汇总表

序号	项目名称	建设地点	项目规模	规划设计团队主要成员	设计时间	目录索引
1	宁国市翠竹公园规划设计	安徽省宁国市	8.22 hm²	何嘉、戴昕杰、李静	1998年	018-029
2	合肥市瑶海公园改建设计	安徽省合肥市	16.67 hm²	赵茸、姚兴贵	1991年	030-043
3	合肥市南淝河园林绿化设计	安徽省合肥市	5.70 hm²	刘伟、刘慧、李静	1997年	044-061
4	合肥市政务文化新区·创业园规划设计	安徽省合肥市	6.67 hm²	李静、陈艾洁、李敬、李明胜	2000年	062-075
5	马鞍山市含山县含城公园规划设计	安徽省马鞍山市	21.30 hm²	吴锡琴、陈爱民	1993年	076-085
6	安庆市怀宁县独秀公园规划设计	安徽省安庆市	16.00 hm²	李静、林涵、严彦	1999年	086-099
7	亳州市蒙城县万佛塔公园改造设计	安徽省亳州市	3.33 hm²	陈战是、赵新泽	1993年	100-111
8	宣城市火车站站前彩螺广场设计	安徽省宣城市	7.67 hm²	陈永生、熊明、李静	1996年	114-125
9	滁州市人民广场绿化景观设计	安徽省滁州市	9.60 hm²	李明胜、刘伟	1999年	126-135
10	安徽大学磬苑校区绿化景观设计	安徽省合肥市	133.33 hm²	刘伟、林涵	2000年	138-151
11	安徽省党校环境景观改造设计	安徽省合肥市	18.24 hm²	刘慧、李静	1998年	152-163
12	安徽农业大学教学楼环境景观改造设计	安徽省合肥市	2.50 hm²	赵益勤、林涵、李静	1999年	164-175
13	中国科学院等离子体物理研究所庭院改造设计	安徽省合肥市	2.23 hm²	陈华喧、林涵	1997年	176-187
14	九华山佛国圣地陵园环境设计	安徽省池州市	33.40 hm²	陈爱民、赵茸	1994年	190-199
15	宿州市泗县烈士陵园改扩建规划设计	安徽省宿州市	7.00 hm²	李静、陈战是	1992年	200-215
16	亳州市蒙城县庄子祠环境设计	安徽省亳州市	3.47 hm²	赵茸、姚兴贵、李静	1994年	216-231
17	浮山国家森林公园规划	安徽省铜陵市	15.00 km²	张铁、赵新泽、吴锡琴	1992年	234-259
18	淮北市相山森林公园改扩建规划设计	安徽省淮北市	350.00 hm²	吴昊、王天舒、孔祥锋	1997年	260-275
19	国际竹藤中心黄山太平基地庭院环境景观设计	安徽省黄山市	4.05 hm²	李静、訾兴中、严彦	2000年	278-289
20	合肥市梦园居住小区庭院环境景观设计	安徽省合肥市	22.50 hm²	刘伟、李春涛	1998年	290-301

内容简介

作者从事风景园林教学科研、实践与管理30余年。其间，不断思考探索，试图构建风景园林有机生成方法学，以期丰富当代风景园林学科理论方法体系，为我国风景园林学科走向成熟做出贡献。

本书选择性收录了作者1991年至2000年的10年间（正值我国改革开放大背景下的当代风景园林大发展初期），在安徽省域所做近百项工程项目实践中的20项，共分6大类，侧重风景园林规划设计有机生成方法学的实证探索；也是作者对那个充满活力与激情年代的回忆和记录。

与其他作品集相比，本书是基于方法学意义表达，主要通过实际工程案例的分析与诠释，图文并茂地展示了风景园林规划设计有机生成方法学的应用价值。

图书在版编目（CIP）数据

回望八皖：1991—2000张浪作品集：风景园林规划
设计有机生成方法学溯源 / 张浪编. —南京：东南大学
出版社，2021.4
 ISBN 978 - 7 - 5641 - 9327 - 0

 Ⅰ．①回… Ⅱ．①张… Ⅲ．①园林设计–作品集–中
国–现代 Ⅳ．①TU986.2

 中国版本图书馆CIP数据核字（2020）第257705号

回望八皖·1991—2000 张浪作品集
——风景园林规划设计有机生成方法学溯源

编　　　者	张　浪	
策　　　划	张青萍　张晨笛	
责 任 编 辑	戴　丽	
装 帧 设 计	皮志伟　竺　智	
责 任 印 制	周荣虎	
出 版 发 行	东南大学出版社	
社　　　址	南京市四牌楼2号（邮编：210096）	
出 版 人	江建中	
网　　　址	http://www.seupress.com	
电 子 邮 箱	press@seupress.com	
经　　　销	全国各地新华书店	
印　　　刷	江苏新华日报印务有限公司	
开　　　本	889 mm×635 mm　1/8	
印　　　张	44	
字　　　数	460千字	
版　　　次	2021年4月第1版	
印　　　次	2021年4月第1次印刷	
书　　　号	ISBN 978-7-5641-9327-0	
定　　　价	300.00元	

本社图书若有印装质量问题，请直接与营销部联系，电话：025-83791830。